色彩 照明 厨房
室内设计入门基础课程

[日] 主妇之友　编著

王晔　译

华中科技大学出版社
http://www.hustp.com
中国·武汉

你喜欢怎样的室内风格?

你希望生活在怎样的家庭空间内?

房间布置始于自己钟爱的室内风格。

而我们的家是将自己的钟爱与家人的钟爱混合后,

伴随每日、每月、每年的累积,

一点一滴地融合, 逐渐呈现出的一种生活样貌。

本书属于室内空间设计的入门书。

为了营造舒适生活的家庭住宅,

本书归纳了室内空间设计的许多基础知识。

借助这本书,

让我们一起营造舒适的家庭住宅吧!

Contents

Part 1 你希望在怎样的房间内生活？

●本书内使用的家具尺寸标注为：W=宽度、D=深度、H=高度、SH=坐高、φ=直径。

●标注的价格为日元、商品税后价格，厨房、窗帘、照明等处还需要支付另外的安装费。

●价格为2012年8月的信息。

●有关夏季、年末年初、黄金周等营业时间，请直接与店铺联系。

Part 2 室内风格搭配的基础课程

Part 3 室内色彩搭配的基本课程

Part 4 家具选择与布置的基本课程

Part 5 选择窗帘的基本课程

Part 6 照明选择与布置的基本课程

Part 7 厨房选择与布置的基本课程

Part 8 展示的基本课程

Part 9 方便使用的收纳方法与物品分类的技巧

Part 10 简洁易懂！室内设计用语字典

你希望
在怎样的房间内生活？

你喜欢怎样的室内风格？希望生活在怎样的房间内呢？

本章共列举了16个住宅案例。

如果能清楚寻找到"理想风格"，这便迈出了室内设计的第一步。

整洁、清爽的休憩空间
直线条的木质家具、观叶植物的大型枝条以及壁炉的柴火等元素组合搭配，一同构成了安静清爽、令人放松的室内空间。

由木材、陶器等天然材料构成的自然粗犷质感

富泽宅・神奈川县（独栋住宅）
设计：serve
网址：www.serve.co.jp

Type 01

无垢材（指原木材，如松木、枫木、胡桃木）以及素烧面砖等材料质感较好

厨房橱柜选用了漂白过的松木材，地面铺装了陶质地砖，室内效果呈现出自然质感。

天然材料的质感将伴随时间的流逝，慢慢呈现出自身的精致感与舒畅感

齐藤宅·滋贺县（独栋住宅）
设计：Sala's
网址：www.sala-s.jp

Type 02

类似旧料的质感与白色搭配可展现空间的温和感

地板为松木材，表面用加有天然色粉的地板蜡处理后，呈现出做旧的感觉。而门、家具等采用白色系材料，呈现出具有温和感的室内空间氛围。

加上蕾丝或折边设计等元素，
营造空间的柔性感受

原本使用了木地板、乳胶漆的白墙已经呈现出天然材料的质感，在此基础上，选用折边设计的玻璃灯罩或蕾丝元素的门帘等，增加空间的柔性气氛。

精致的细节处理与稳重的旧料选用

为了呈现稳重的室内效果，餐桌、天花板处的横梁都选用旧料，并采用磨边处理。厨房墙面使用白色马赛克瓷砖，呈现精致、有细节的空间感。

11

木材的自然质感与水泥、铁艺等坚硬的材质感搭配,可展现刚性美的空间效果

T宅·爱知县 (公寓)

Type 03

铁、水泥等材质的工业风效果

餐厅与厨房采用了铁质的桌脚与椅子、船舶灯泡等,增加了空间的工业感。

原本自然风的室内可使用硬质材料营造质感

撕掉墙纸,展露出原本粗犷的水泥墙、铁艺灯罩等元素,与杉木地板、白色乳胶漆墙壁搭配使用,共同营造出偏硬质感的刚性空间。

旧料、旧搪瓷、褪色的花纹等有助于产生朴素且有温度的感觉

国方宅・冈山县（独栋住宅）

Type 04

旧物品可以演绎出时间的流动痕迹

厨房内选择了旧料的梁、柱，别具一格，加上搪瓷质地的水槽及其附近的隔板上排列的旧搪瓷茶具等小物件，感觉时间过去了几十年……

凸显手工质感、朴素感的物品

乳胶漆墙壁、打过蜡的松木地板、平开的格子窗等搭配手工感强的窗帘或是木节明显的旧式家具等，整个空间犹如欧式乡村的家舍一样。

植物纹样的壁纸、黄褐色的地砖等元素可模拟英式村庄的风格

武江宅·新泻县（独栋住宅）
设计：Naturaliving
网址：www.naturaliving.jp

Type 05

连接室内与室外的阳光房

阳光房内设置了模仿工艺美术运动时期的墙纸与陶制的地砖，让人感觉犹如置身于英式田园的家中。

犹如传统旧民居的室内空间，具有一定的厚重感

虽然是新建住宅，但在餐厅内，因梁、柱采用了粗拙的旧料，地砖也采用了具有质朴感的陶制材料，再配合上旧式家具，展现出犹如传统旧民居的室内效果。

雅致的米白色家具与尺度略显夸张的结构材质一同再现法国乡村式的家舍

H宅·福井县 (独栋住宅)
设计:Delicate Tool
网址:www.deto.jp

Type 06

法式风格特点之一是叠加使用不同质感的白色

铺设了天然石材的地面、乳胶漆墙壁,搭配古风家具、装饰织物等,展现出了具有法式风格特点的室内风格。

为了提升空间的品质感与朴素感,需适当控制装饰物品的颜色

厨房内设有接近黑色的大梁,其下方悬挂着的几个置物篮,既体现出了厨房的味道,也不失田园气氛,充分演绎出舒适的法式乡村风情。

白色、米色与直线相互组合
展现空间的简约风格

田村宅 · 东京都（公寓）
设计：Casabon住环境设计
网址：www.casabon.co.jp

Type 07

流畅平滑的质感可体现功能美
厨房内推荐使用流畅、平滑的直线型设计，省略华丽的装饰，金属部件也统一为银色，以此充分强调功能性的空间特点。

使用直线设计并控制色彩，可体现空间的朴素感
主要由直线以及细长灯具构成室内空间，地面、墙面以及天花都统一在同一色系中，而家具及其他部件选用了不显纹路的木材，整个空间简洁且耐看。

线条简洁，空间显得干净、清爽，而搭配木质家具又可展现家庭空间的温度感

近藤宅·兵库县（独栋住宅）

Type 08

将简约与自然混用

厨房内，主要选择了简洁的直线型不锈钢台面，并搭配使用了杂货、厨具、容器及观叶植物等，提升了空间自然的感受。

添加熟悉的木质感

将简洁、平整的墙壁及窗户周边作为空间背景，添加令人舒适的木质感的物件，如地面铺设杉木板，餐桌桌面采用胡桃木材质等。

适合北欧家具的室内具有稳重、简约的美感

M宅·东京都（独栋住宅）

温和且富有现代感的北欧设计

著名的北欧设计代表作品有阿尔瓦·阿尔托的斑马纹、阿尔托凳以及汉斯·瓦格纳的Y形椅等。

温和的木质感与简约的功能美感兼备

橡木地板、墙角一整面的收纳柜等体现出木材本身的温度感。平整、干净的空间内，没有过度强调材料的质感，通过线条的处理营造出简约的室内风格。

直线型设计、硬质材料及现代家具等可展现都市感的室内风格

H宅·东京都 (独栋住宅)
设计:Bricks 一级建筑师事务所
网址:www.bricks-net.com

具有光泽的硬质材料可呈现"刚性表情"
地面选择具有光泽感的地砖,室内装修使用干净的白色来统一整体,再用黑色的旋转楼梯扶手、沙发等,以便收紧空间。

使用简洁的直线与无彩色的空间统一
洒脱的直线搭配白、黑、银色构成整个厨房空间,中间的隔墙一侧采用反光性较强的黑色玻璃移动门,使人产生厨房地面略漂浮在空中的视错觉。

使用白色、银色、细线营造轻质、冷峻的空间印象

F宅·大阪府 (独栋住宅)
设计:F.O.B HOMES
网址:www.fobhomes.com

Type 11

简洁的细线可营造轻快的空间感

利用干净的白墙反光形成明亮的住宅空间,内部设置细线型的楼梯,令人感觉轻松、洒脱。同时,搭配的硬质水泥地面,赋予了空间冷峻、时尚的效果。

厨房使用银、白两色进行统一

厨房干净整洁,采用不锈钢材质的厨具,并设置了SMEG(意大利厨房电器生产商)炉灶,其他物件也统一使用白色、银色两种颜色。

木材的质感与曲线结合后产生现代感的室内设计

Y宅 · 爱知县 (独栋住宅)
设计 :Right Stuff Design Factory
网址 :www.rightstuff.jp/

Type 12

一边感受木质的温和感,一边体验强烈的室内效果

这一空间设置了看似木质的厨房、具有品质感的家具以及木质地板等,令人陶醉在木质感的世界里,但空间类似箱体形态,家具采用简洁的线条设计,色彩偏向浓郁,与前者相比,给人强烈的室内印象。

无机与有机、直线与曲线的完美组合

餐厅为水泥地面,起居室为木质地板,天花板照明使用了 IDEE (日本家居品牌) 的三头吊灯,体现了无机与有机物品的融合。

左右对称的形式美与古典家具一同再现西欧室内的美感

T宅·神奈川县（独栋住宅）
设计：Cotsworld
网址：www.cotsworld.com

Type **13**

壁炉整体为展示场所的起居室

以壁炉为主体的起居室是居住领域的中心，此处上方设置大镜面、烛台等物品，展现出传统生活风情。

采用高品质的形式美

飘窗采用左右对称的空间布置，展现出英国乔治时期的艺术风格，人字形木地板铺装也展现了古典时期的美感。

古风家具与木、纸、皮革等素材营造具有厚重感的室内风格

田野口宅·神奈川县 (独栋住宅)
设计:Komachi家具
网址:www.komachikagu.com

Type 14

空间的主角是木纹、拼木工艺显著的古风家具

19世纪20年代, 书房的布置以古董橡木书架作为空间的中心, 使用酒红色将挂毯、地毯及窗帘统一调和。

起居室的布置展现了稳重的色调以及安定的气氛

起居室以壁炉为中心, 布置了皮革沙发, 并采用左右对称的方式安放了古风家具, 墙壁颜色选用英国绿, 整个空间氛围体现出一种厚重稳定的感受。

浅色系与布艺、古典风的装饰共同营造成熟的法式柔情

黑川宅·神奈川县（独栋住宅）
设计：Sarah Grace
网址：www.zakka-sara.com

Type 15

白色与灰色演绎古典华美

这一角落布置了古典塑像、鸟类杂货、花园绘画等装饰，加强了室内与室外的联系。灰色元素的加入也丰富了白色空间。

材料的质感、色彩的微妙差别等演绎出空间的立体感

空间用白色调统一整体，再使用棉布、麻布、木材等各类素材进行组合，而微妙的色彩差别可以增强室内空间的立体感。

曲线、窗帘、蕾丝等营造法式柔情

采用白色法式家具统筹整个就餐空间，曲线型的装饰、白色窗帘、蕾丝等布艺展现出柔美、安定的气氛。

混合和风、洋风以及亚洲其他地区风格，营造耐人寻味、舒适的室内空间

菅原宅·奈良县 (独栋住宅)
设计：ATELIER-ASH
网址：www.atelier-ash.jpn.com

Type 16

融合现代设计的日式房间

房间的墙面上并未设置传统的日式隔板，而是将墙壁底部刷了不同色阶的乳胶，地面仍然为榻榻米，表面铺设了漂亮的伊朗地毯，由此展现出新型、时尚、折中的日式风情。

西洋风格里添加和纸及亚洲其他地区的素材

起居室墙壁上贴了手感舒服的和纸壁纸，展现出朦胧、半透明状的空间效果。

你找到心仪的房间风格了吗?

在室内设计中,本章列举的16个案例一般使用专业的风格用语表述室内样式。
室内样式由于材料、工艺、色彩等因素的影响能够慢慢地改变室内气氛。
例如自然风,自己与家人还有设计师所构思的房间布置不尽相同,因此,为了具体实现其构思风格,
在下一章中将会详细分析各类风格。

Part 2

室内风格
搭配的基础课程

从Part1中找到自己心仪的室内风格后，为了实现其设计效果，

首先必须了解这种风格是如何构成的，具有怎样的特点。

Part2从材料、质感、形式及颜色这四方面着手，详细介绍各类室内风格的特点。

开始布置房间前必须掌握的基本原则

创造理想房间的
5 条规则

让我们一起确认创造理想房间的基本设计规则吧！它们能让房间变得既时尚漂亮，又自然舒适。

Rule 1

风格 寻找设计

创造理想房间的确认项目

☐ 偏爱的室内设计风格
（P.26页的风格）

☐ 家庭成员偏爱的室内设计风格
（需要了解同居者的喜好）

☐ 偏爱的设计风格是否适合自己的生活模式
（整理、清洁及维护等）

房间的整体效果，从一开始的内装、家具，到一些小型的杂货、日用品等，都是由住户一点一点地选择、日积月累而成的。

当今，设计具有各种各样的方式，为了营造理想的房间风格，尤为重要的是了解自己喜爱的室内风格设计原则，同时，也要兼顾考虑家庭成员偏爱的风格以及自身的生活模式。

Rule 2

考虑家庭成员的构成以及生活模式

改造设计后实现了自己喜爱的理想房间。
（岸本宅·大阪府）

创造理想房间的确认项目

☐ 家庭成员的年龄及其构成
（谁在使用这个房间）

☐ 房间的使用功能
（使用者的需求）

☐ 房间能否让使用者感到舒适
（了解家庭成员的喜好、放松和解压的方法）

为了营造出自己与家人都喜爱的室内风格，就必须考虑居住的功能性问题，还需要符合自身的生活模式。因此，功能性与审美性两者都是房间室内设计的关键因素。

首先，回顾一下自己的生活习惯，确定房间里哪些功能是必要的。设计客厅、餐厅时，需考虑家庭成员的总人数、年龄构成、餐饮习惯以及访客频率等方面，由此确定家具的布置方式、照明处理、灯光照度等。

日常生活的基本原则是将常用的物品收纳在方便易取的场所。因为是常用的物品，所以无论是设计还是颜色、材质，建议选择令家庭成员安心、感觉舒适的。

Rule 3

考虑室内各构成要素之间的平衡

創造理想房间的确认项目

☐ 家具、窗帘、照明器具等的设计、材料及颜色
（组合搭配后是否调和统一）

☐ 家具的尺寸及颜色
（房间的尺度、家庭人员的体格等）

☐ 窗帘、壁纸以及地板的颜色、纹样
（是否符合房间的尺度）

哪怕是世界著名的奢侈品牌，服装的搭配或是饰品选择一旦出现了错误，将直接影响最终效果。选择这件服装或饰品时，更需要考虑它是否适合自己的风格，是否符合自己的尺寸……这些因素同样适用于室内设计。

布置房间时，房间的内装、家具、窗帘、照明（室内构成要素）等看似都是独立的要素，但它们组合搭配，共同构成房间的室内风格及整体效果。

因为物品即使是出类拔萃的好设计，倘若无法与房间相协调，那么也难以呈现良好的设计效果。与其优先展示单体物品的设计，更应考虑如何与房间内的其他要素进行协调搭配。在新建或改造设计时，建议确认各新旧要素是否与新住宅内装相协调，是否与家具和其他物品相协调，换言之，需慎重考虑房间内各构成要素之间的平衡。

家具的尺寸也必不可少。如果一张床设计出众，但尺寸却近似一间卧室的大小，那么，它的出众也将会被埋没在这间卧室内，就连基本的打扫也难以操作。房间尺度不仅仅指平面上的尺寸，空间上的尺寸以及家具的体量感也非常重要。狭窄的房间应削弱其空间压迫感，而宽敞的、层高较高的房间应依靠体量较大的家具加强空间动感。色彩、纹样等因素也会直接影响房间给人的开阔感，因此综合把握各要素间的平衡至关重要。

Rule 4

考虑维护以及生活的便利性

創造理想房间的确认项目

☐ 材料、维护强度、方式是否符合生活习惯
（是否在乎这些方面）

☐ 是否影响日常生活的安全性
（材料、设计等是否存在容易产生伤害的可能性）

☐ 家具的布置是否方便打扫
（使用吸尘器时打扫动线是否顺畅、高效）

伴随每天的使用，家具、日用品等将受损变污，家具、物品的原材料影响到维护方法以及物品是否可以耐久使用。任何材料都存在自身的优点和缺点，因此，需了解这些优劣，再选择自己心仪的家具、物品。此外，选择和布置家具时，是否方便打扫也不容忽视。

Rule 5

当预算紧张时，按优先顺序决定物品

創造理想房间的确认项目

☐ 室内总预算
（合计总数）

☐ 若是长期打算的话，从哪里入手
（从优先顺序前后进行考虑）

☐ 考量使用期限
（判断物品的价格、使用期限、满意度等）

因为预算紧张，所以才妥协，全部选择一些模棱两可的东西，这种想法务必要避免。被风格不统一的家具或物品包围的居住空间容易令人产生烦躁的情绪，因此，设定好优先顺序，一点点地去实现才是上策。而且，预算并不是在所有的物品上平均花费，应根据自身情况，挑选出需讲究与应将就的部分。

打造理想房间应做的事情

成功完成房间布置的 7 个步骤

与穿衣搭配一样，室内设计也是按设计理念、风格营造、装修施工的顺序一一推行。

Step 1

室内风格 确定

（M宅·神奈川县）

首先，必须了解室内风格有多少种，确定自己以及家人希望在哪一种风格的房间生活。

不光是用语言表述出或是在脑海中构想出设计样式，重要的是将自己的喜好通过具象的视觉语言，如杂志、书籍的照片直观展示出来。建议尽可能收集较多的案例，根据这些案例图片，能够清楚明确自己的喜好倾向，这也是向家人、设计师传达有效信息、避免误解的沟通方式。

Step 2

确定室内色彩

（Y宅·东京都）

一般而言，室内色彩主要指房间内难以更换的部件的颜色，如地板、墙壁、窗框、水栓以及家具的颜色。换言之，室内色彩是由决定房间整体印象、在整个房间中占主要比重的颜色所构成的。了解了基本色彩理论，可以创造出高级感的室内色彩。

Step 3

一边考虑房间布置一边选择家具

（松井·宅·爱知县）

若是新建住宅，并不会先考虑家具的选择，但在设计方案阶段，就要同步决定家具及其布置，这种趋势已明显呈现。家具不仅是组成室内设计的骨架，也是直接衡量空间布局、流线组织的优劣，反映生活舒适程度的重要因素。

Step 4

考虑窗帘设计

（糟谷宅·爱知县）

窗户满足通风、采光的需求，窗帘承担着室内遮光、滤光以及保护隐私的作用。窗帘种类繁多，设计时需要结合窗外环境、景色等因素。

Step 5

考虑照明方式

住宅是放松、工作、休息等场所的集合空间，需要满足交流、阅读、操作电脑等多种功能。因此，所有空间使用相同的照明方式是不合适的。在了解光色特征、照明灯具形状等后，结合住宅不同场所空间营造与之相适应的亮度与环境。

Step 6

考虑收纳方式

收纳的基本目的在于对常用物品和非常用物品进行分类，常用物品放置在常用场所，方便拿取。不可取的收纳是将所有物品放置在一处，这样既不便于使用，又影响美观。如果是开放式台柜，还需要考虑展示效果。

Step 7

考虑展示自家风采

住宅有任何高级酒店、样板房都无法媲美的优势，因为这里可以展示个性的家庭风格。旅游带回的纪念品、家庭合影、心仪的杂货、孩童时期的绘画作品等都可以作为展示对象，不要将这些对象随意摆放在一起，应该有意识地进行分类展示。

决定房间布置成败的第一步

营造完美室内布置
的设计方法

为了营造理想的房间,需要整理好脑海中的设计风格及意向,还有具体与之相符的内装和细节处理。

以简约、自然风为基础,搭配简洁美观的北欧设计照明、手工质感的杂货小物。(近藤宅·东京都)

具体考虑喜爱的材料及设计

说到布置房间,第一步是寻找自己心仪的设计风格。室内设计存在各种各样的设计风格,各种设计的气氛以及印象也不同。形成这些气氛及印象的元素是材料、质感、形式、色彩。

选择自己心仪的设计风格时,需要注意不要轻易锁定目标,比如"我喜欢的就是自然风"。因为谈起自然风,既存在属于偏柔感的自然风,也存在偏硬感的自然风,这两者之间也存在过渡区间。而且每个人对事物的感知也是仁者见仁智者见智,哪怕是同一种风格,每个人对它的描述和感觉都是千差万别的。为了呈现理想中的房间布置,必须具体考虑心仪的物品的材料、质感、形式、色彩等,如家具是否需要采用手工制,选择什么形式,颜色是否选择明亮色,是否需要选择凸显木纹等等。

品位良好的人能够区别不同

室内设计品位良好的人在家居卖场或阅读商品手册时,瞬间可以挑选出优质产品。这是由于他们清楚地明白自己偏爱的室内设计风格,也具备分辨物品特征差异的出色能力。即使是两件相似的室内产品,实际上也存在风格差异,所以拥有能够发现这些差异的眼睛以及协调统一相似产品的能力也非常重要。提高自己眼光的方法之一便是多查阅与室内设计相关的照片以及实物。

希望怎样生活?·反思生活模式

室内设计风格直接关系到生活模式。设计的确不容忽视,但还需要反思采用哪种模式生活,然后从生活模式再推敲设计风格。例如:随着时间的变化,自然风家具原材料的颜色也将发生明显变化,因此需要了解并能够接受这种风格的家具特点,即能够体验从新品状态到变旧状态的过程以及能够接受这种变旧状态。

决定室内风格的四要素

选择作为设计目标的室内风格时，若将材料、质感、形式及色彩这四要素分开来看，也许比较容易明白自己应该选择的物品特征。

材料

因为自然材料、人工材料、材料的软硬度等不同，最终将影响整体印象

室内物品的材料包括木材、硅藻土、布料等自然材料，树脂塑料、不锈钢等人工材料。其中，木材、布料等属于较软的材料，而铁、钢、石等属于较硬的材料，从中挑选与各类设计风格相匹配的材料、物品，最终组合成自己心仪的房间。

质感

即使是同一种材料，但根据质感不同，也会改变室内的风格特征

木材是内装与家具常用的材料。然而，即便是同一种木材，该用于表面粗糙自然的物品，还是用于表面平整、手感光滑的物品？而且，表面不作处理，或涂抹树脂让其变得光亮等，这些都会呈现出不同的感观印象。质感这一元素往往容易被忽视，但属于左右室内设计效果的重要组成之一。

形式

分析并解释家具、照明、纹样等的形式特征

家具、照明等的外观、细节、装饰等构成了物品的整体形式。是简约或奢华，是面或线，是直线或曲线，是自然曲线或人工曲线等，这些形状与线条的特征都会形成不同的空间感受，因此需要选择能够代表心仪设计风格特征的形式。

色彩

色彩不仅仅只有颜色，根据明度、彩度的不同，颜色的个性与感受也不同

色彩不仅仅只有红色、黄色、蓝色等，就像红色分较明亮的红、较深暗的红以及较鲜艳的红、较灰暗的红。自然色也好，人工色也好，不同色彩也存在各自不同的个性及特点。由于色彩搭配方法、色彩配比的不同，房间整体空间气氛也将出现变化。

决定室内风格的四要素

	材料	质感	形式	色彩
自然	木、藤条、麻、自然材料、手工制品	粗犷、毛糙	自然的曲线	接近茶色的木色、自然色
田园	旧木料、砖、布艺、自然材料、手工制品	粗犷、毛糙	自然的曲线，厚重	随时间慢慢变深的木色、晕染色
简约	钢、塑料、玻璃、人造材料	光滑、流畅	直线，轻爽	白色、无彩色、金属色
现代	钢、塑料、玻璃、皮革、石材、水泥	光滑、闪亮	直线，洒脱的形式	白色、黑色、金属色
古典	木、皮革、羊毛、丝绸	光滑、流畅	曲线，厚重	茶色、黑色、深红等明度较低的颜色
亚洲	木、土、竹藤、灯芯草	粗犷、毛糙	直线，自然曲线	接近茶色的木色、自然色

选择使用木、土、皮等自然材料，比起颜色，更重视质感的设计风格

形

素材

质感

起居室由实木地板与实木家具构成，充分享受木材本身的质感以及颜色（金光宅·爱知县）

　　自然风的特征是多选用木材、沙土等自然材料，更重视自然的原料感和质感。没有标新立异的设计，追求的是放松、安稳的空间效果，所以接受自然风的人群受到年龄影响的比例较低，属于人气较高的设计风格。

　　自然风的家具、地板的材料主要选择自然原木材，表面尽量抑制光泽，也会选用天然纤维的棉麻质质，人造纤维也是适用材料。在色彩方面，主要选择原料本身的颜色，如茶色、绿色等。

　　自然风也分为简约类型、带有温度感的朴素类型等，不同的人审美感受也不同。原本的自然风的室内效果犹如山中小屋一样，常使用木料、石料等材料。

　　然而，都市的住宅因为生活模式不同，作为主流的自然风营造特点为：仍然保留自然原料的质感，但形式上多采用直线型，装饰较少，使用高品质的家具等，最终呈现出较为简练的自然风。

材料

木、土、皮、石、藤条等自然材料

木材可使用实木或是实木贴面的板材,而软装可使用棉或亚麻等天然纤维的布料,除此之外,还有硅藻土、藤条等自然材料。

质感

使用材料本身的质感打造室内空间气氛

木材与皮革表面不使用涂层,而通过涂抹油、蜡等,控制材料的光泽度,形成粗犷、毛糙的质感。

形式

不是经过设计的形式,而是天然的直线或曲线

不选择均一机制的线条,而采用天然的曲线或是没有过度装饰的直线。

色彩

木材、陶土面砖等自然生成的颜色

木材、陶土面砖的茶色,棉麻制品等植物的绿色、米色,总之自然风选用的是天然材料原本的色彩。

家具采用实木材料,表面使用油、蜡等维护

使用了具有一定厚度的实木板作为桌面的餐桌。(樱桃木,W190cm×D90cm×H72cm,¥31.5万※/北住设计社)

木与铁两种材料一同构成的高脚凳

这款高脚凳为原创设计,风格表现出复古的感觉。(Φ30cm×H63cm,¥33600/D9家具店)

由枫木制成的沙发,具有坚固、稳定的特点

这是一张简约设计风的木质沙发,沙发的靠垫、抱枕可干洗。(W176cm×D80cm×H76cm SH40cm,¥44.1万/SERVE)

利用樱桃木的木纹美感营造出的简约设计

这款设计既有少许装饰又设置了玻璃门以便收纳使用,柜脚的设计也是特色之一。(W75cm×D39cm×H175cm,Country Corner/北住设计社)

※本书所标注的价格为日元货币价格。

柔性自然风

由较小的马赛克拼贴出华丽、工整的线条

经过磨边处理的旧梁

形

厨房使用象牙色进行统一，整体气氛温和、舒适形式。
（安达宅→神奈川县）

利用自然原料的温暖营造舒适的甜美空间

四要素

材料

温软的天然材料

选择实木材、硅藻土、陶制面砖、棉、麻等天然材料，同时也可以搭配旧木料、变软的布料等。

质感

保留材料原本的质感，并将这种质感融合到室内空间中

保留原本材料的质感，经过年代的洗礼，不同的材料逐渐转变形成或润滑、光泽或粗犷、沙粒般的质感。

形式

天然的曲线或是直线可以塑造华丽、精致的线条

褶皱边或蕾丝等具有女性特色的设计可以体现空间的奢华、精致与柔美。

色彩

象牙色的特点是犹如褪色、古旧的白色

象牙色属于比较明亮的颜色，除此以外，还有米白色、奶白色等色彩。

自然风格常使用天然材料作为设计搭配，在此风格的基础上，为了营造柔和的气氛，可以添加花草纹、古董装饰品等元素，形成"柔性自然风""田园风"或"法式田园风"，这些风格都具有较高的人气。

与多用茶色木料的自然风相比较，柔性自然风的特征是常用奶白色、米白色、象牙白等明亮的颜色。而且，随着时间的流逝，被磨损一角的木材、褶皱的布料等元素越来越能表现出略有女性柔美的设计感。甚至，在形式上排除尺度夸张、质感粗糙的构造，选择精致的马赛克贴面砖增添空间的奢华印象，再搭配一些布料与蕾丝等柔软元素，一边控制粗糙质感的呈现，一边可以充分展现出柔滑、甜美的空间效果。

裸露构造的水泥墙

质感

旧皮革的坐凳

水泥与木材的内装搭配旧铁、皮革等家具制品,营造出耐人寻味的室内设计。(寺西宅·东京都)

刚性自然风

在天然材料上添加无机素材形成辛辣的风格

四要素

材料

木材等天然材料加上无机材料可以打造冷酷的空间感

使用实木材,尤其是旧实木材、旧皮革,再添加产生生硬、厚重感的水泥、铁、钢或锡等无机材料。

质感

利用材料原本的质感营造粗犷、毛糙的感觉

保留材料原本的质感,将其进行粗刨处理,营造粗犷、毛糙的感觉。

形式

主要家具采用直线型,强调功能感

选择家具形式时,主要考虑其功能性需求,尽量减少装饰,选择粗糙的直线型设计。由简单的线构成面,重心较低的家具让人感到稳重、大方。

色彩

使用时间越长,家具颜色变得越深、越沉稳,再配合上无彩色,营造辛辣的空间效果

主要选择木材、水泥、铁等材料的颜色,随使用时间的增加,材料颜色也随之加深。

以展现材料原本质感的自然风格为基础,加上水泥、铁、钢、锡等无机材料的配合,使用过的皮革、木料等,也可以加强这种硬质、重量的刚性感觉,在男性人群中深受欢迎。

刚性自然风与自然风相比,多用茶色、黑色、灰色等沉稳、厚重的色彩。一方面保留自然风的天然质感,另一方面将铁、水泥等无机材料组合搭配,展现冷酷的空间气氛。以前,工厂内遗留下的家具、操作器材也非常适合这种风格,通过组合,借助生锈、斑驳的细节可以再次提升空间整体质感,展现出具有男性特点的、辛辣感的空间。

天花板保留横梁, 将其刷为白色, 墙壁使用硅藻土, 地板采用木节明显的松木, 展现出具有温度感的空间内装。同时, 使用传统装饰感较强的家具, 清新的花草纹的窗帘, 演绎出田园风的效果。(木村宅·冈山县)

具有温度感的怀旧风格，犹如身在朴素的田园村庄

形式

材料

质感

　　谈起田园风, 我们会想到英国贵族的住宅。按照田园屋舍的传播, 可以分为英式田园风、法式普罗旺斯田园风。除此之外, 还有早期美式风、夏克风等多种风格广泛存在。这些风格的共同点在于室内风格朴素, 犹如置身在被乡村自然之景环抱的田舍之中。田园风住宅类似日本古民宅的味道。

　　家具选择上以欧美传统风格为基础, 尽量搭配手工制品。主要使用松、橡木等实木材, 为了保留木材原本的质感, 表面选择涂刷自然涂料或有色涂料等。内部装修选用旧料, 营造在此处已经居住了几十年的感觉, 窗帘杆、门窗把手等部分的金属构件使用锻铁或做旧的黄铜材质。而布艺的话, 多用棉、麻、羊毛等材料, 花纹有花草纹、方格纹等可供选择。整体室内设计令人产生温馨、舒适感, 展现出一种慢节奏生活的风格。

材料

选择木纹、木节明显的实木，搭配砖、羊毛等朴素的天然材料

选择木纹、木节明显的实木材，陶、土、石、砖等天然材料。布料多用棉、麻、羊毛。

质感

延续原材料的质感，即粗犷的手工质感、褪色的肌理感

类似不抹涂料的装修风格，延续材料原本的质感以及手工的粗犷，营造受年代影响下造成的毛糙、老旧的感受。

形式

传统装饰、手工风格的设计

传统的装饰选择圆滑的线条与形状，强调手工风格，每件都是独一无二的作品。

色彩

天然材料的色彩具有古旧的特点

选择茶色的木、砖，褐色的土，深灰色的石头等天然材料进行搭配，随着时间的变化，颜色越来越深，或是越来越浅。

室内商品

路易十五时期的风格叠加普罗旺斯等要素

法国品牌家具Country Corner。(双门橱柜：W100cm×D43.5cm×H190cm，¥15.75万)

英式农场屋舍风的松木衣柜

由松木构成的四角衣柜。(W90cm×D45cm×H80cm，¥15.1万/RUSTIC TWENTY SEVEN)

维多利亚风格的松木餐桌椅

松木材的系列——餐桌椅。(餐桌：W135cm×D85cm×H74cm，¥11.34万，实木椅单价为¥30450/THE PENNY WISE)

古典风格的圆脚沙发

坐垫低矮，具有安定感的设计。(双人沙发：W155cm×D85cm×H85cm (SH40cm)，¥162750+布套)

表面肌理丰富的大梁

保留涂抹痕迹的墙壁

质感

富有触感的天然
植物艺术

大梁与橡木材质的古风
家具演绎出英式小屋的
气氛。(中村宅·山梨县)

田园风屋舍风格与农场屋舍

四要素

材料

结构选用木材、旧材、石材、
珐琅、羊毛或棉等

使用天然材料，如实木材、石
材等。随着时间变化，日渐变
旧的旧料、皮革、松木、厚羊
毛以及棉麻等天然材料亦可，
还有珐琅等。

质感

随着时间变化呈现出的
材料质感和手工质感

这种风格
通过手工
质感的粗
犷加工方
式呈现。

结构表面凹凸不平，展现出随
意加工处理而成的肌理效果。

形式

粗犷的线条与古典装饰

粗犷稳重的线条、继承了传
统建筑样式的设计风格，展
现出犹如农场屋舍的朴素效
果，因为基本采用手工加工
方式，所以不存在完全相同
的形式。

色彩

家具颜色会发生变化

木、土等材料的颜色会伴随时
间的流逝，越变越深，或越变
越浅。

英式田园风是从贵族庄园的田园屋舍发展
而来的，室内设计元素及其组合效果令人感觉好
像置身于近百年的历史空间内，如粗壮的大梁、
石制的地面、装饰气息强烈的古典壁炉、橡木制
的古风家具等。从哥特式时期发展至维多利亚式
时期，这种风格融合了各个时代的建筑样式，总
体而言具有较为刚性、坚固的空间印象。

然而，像田园屋舍那样，更为舒适、放松的
田园风才是受欢迎的风格。田园风常用旧松木家
具、略微掉漆的家具、褪色的花草纹或是方格纹
的布料等。内装上采用当地产的石材、保留涂抹
痕迹的墙壁，设计搭配上选择旧珐琅的厨房用
品、旧窗帘金属杆等能够充分展现生活变化痕迹
的元素。这种风格令人感觉明亮、轻松。

有机且简洁化的
北欧家具

耐人寻味的北欧
家具色彩

形式

简约装饰的房间内，北欧
家具、现代家具和谐共存。
(椎名宅·东京都)

有机且简约的形式营造自然、简洁的印象

四要素

材料

天然木材、合成板、面砖、不
锈钢、树脂等

选择天然木、合成板、纹路不
明显的木材，布艺考虑羊毛、
棉麻等天然材料，还可选择
不锈钢、玻璃等无机材料搭
配。

质感

既能感受到材料的质感，又
能保持材料表面的光洁度

为保留天然木材的质感，全
部采用光滑、平整的加工装
修方式。

形式

简洁的直线与纯粹的人工
曲线

简洁平滑的
直线与具有
设计感的人
工曲线构成
富有变化的
面块。

色彩

木色的浓淡、北欧的自然
环境色

选择米黄色、茶色等木材以
及能让人联想到北欧的森林、
湖泊等的自然色。

北欧风也被誉为北欧现代风，其特点为造型简
约、形式明快，且多选用天然材料。使用了Y形椅、
七字椅等名作家具、louis poulsen照明、
Marimekko布艺等众多在日本人气较高的品牌商
品。

从色彩明快的原木色家具到北欧式的家具，基
本上选用自然材料，整体空间展现出简约、现代的
印象。这是因为家具主要采用直线或人工曲线形
式。北欧风一方面体现在设计的有机性，将自然作
为设计源头，采用天然木材作为家居的主要材料；
另一方面体现在功能上强调简约化的形式，这种风
格同样也非常适用于都市空间，体现了设计的亲
切、温度感与简洁、明快的造型特点。

色彩上可以选择米黄色、茶色等木材颜色，也
可以选择让人联想到北欧的森林、湖泊等的自然色。

具有光泽感的硬质材料、无彩色、直线型的设计展现冷酷的空间印象

形式

质感

材料

这种都市感的室内风格表现出光泽的块面与简洁的家具形式,地面铺设了浅色地砖,空间采用黑玻璃作为隔断。(H宅·东京都)

现代风也存在多样的风格,其中具有代表性的便是意式现代风。由著名建筑师设计的家具不仅拥有卓越的设计感,还代表着一定的社会地位,是各界人士喜爱的物品。沙发、椅子座面采用天然皮革等高级材料,而桌子、收纳橱柜等多采用玻璃或者表面采用镀铬工艺等,造型虽然比较简约,但设计感、存在感突出。

美式现代风指1950—1960年前后在美国流行的一种设计风格。当时,作为新材料的塑料、合成板等多运用于家具设计以及室内设计中,表现出轻快、简约的设计特点。

两种现代风的共通之处在于设计形式主要采用简约的直线与块面、人工曲线,家具的支撑脚部分纤细、重心较高,整体表现出一种紧张气氛。材料多数选择不锈钢、面砖、玻璃等质感具有光泽感的硬质无机物,而水泥也是常用的材料。色彩考虑无彩色居多,搭配鲜亮色点缀,整体空间风格冷酷、干练。

材料

水泥、玻璃等硬质、无机的人工材料

选择纹路明显或不明显的木材、硬质的无机材料、皮革、质地紧密的布料等。

质感

均一的、富有光泽度的冷酷、硬质质感

具有光泽度、摒除自然痕迹的统一装饰，给人以重量感或是轻快感的设计，关键词为冷酷、硬质、平滑、光泽等。

形式

简洁、干练的直线与平滑的块面，以及人工曲线

去除花纹或使用条纹，重心较高，具有紧张感。

色彩

无彩色与金属色搭配鲜艳色

白色、灰色、黑色等无彩色或是其他金属色为主调，适当点缀鲜艳色。

可以改变天花板高度的边几

艾琳·格雷设计的功能合理、造型美观的边几。
（Φ51cm×H62~101cm，¥122850/hhstyle.com）

名作家具的发展

Le Corbusier、Pierre Jeanneret、Charlotte Perriand设计的沙发。(黑色皮革，W237cm×D73cm×H60.5cm（SH42cm），¥147万)

Le Corbusier 的设计

透明玻璃与不锈钢管构成了静寂、精致的家具。（LC10-P桌子，W120cm×D80cm×H69.8cm，¥346500）

CASSINA IXC. Ltd. 的原创沙发

IXC公司设计的沙发形式轻快、功能合理。（布面，W68cm×D60.5cm×H67.5cm（SH43cm），¥201600/CASSINA IXC. Ltd）

简约现代风

白色、灰色为基调

形

玻璃墙面

明亮、轻快、静寂、干净、冷峻的风格

挑空空间内设置的轻质楼梯成为了点缀部分，使得起居室、餐厅以及厨房明亮通透。(基宅)

四要素

材料

玻璃、树脂等硬质和轻质的人工材料

选择玻璃、树脂等具有透明感的硬质材料，不锈钢、水泥等无机材料或者陶制地砖、塑料面砖以及木材。

质感

统一采用具有光泽度的冷酷、轻质质感

加工方式充分展现材料的光泽质感，去除自然的痕迹，表现出轻快的感觉，给人以冷酷、硬质、平滑等感受。

形式

由简洁的直线与人工曲线构成

由简洁的直线与人工曲线构成，线条纤细，重心较高，表现出紧张感。

色彩

明度较高，无彩色与金属色

选择白色、灰色等明亮的无彩色，银色等金属色以及给人冷酷感觉的颜色。

简约现代风以现代风为基础，叠加了更为轻质的空间组成元素，共同构筑成清爽、冷酷的空间印象。通过光的反射，室内变得比较明亮，空间看起来也比较开阔，对于都市中面积狭小的住房而言，简约现代风属于人气非常高的室内风格。

这种风格主要采用无彩色中明度较高的白色、灰色和金属色，使用白色的比例较高，而且比起暖白，选择冷白的场合比较多。

比起块面感的形状，在形式上，简约现代风设计多选用细长的直线，会考虑树脂、玻璃、面砖等透明感、光泽感强的材料。

由抑制彩度、明度的冷调色，简约的设计形式以及硬质、冷酷的材料构成的设计，使得室内空间演绎出一种紧张的静寂感。

墙壁上铺装了木纹明显的胡桃木

现代风印象的鲜艳色

现代设计的家具

质感

具有高级质感的胡桃木地板与现代设计的家具共同构成了起居室、餐厅与厨房。(Y宅・兵库县)

自然材料的亲切感与现代设计的紧张感组合而成的风格

四要素

材料

木、石等自然材料,硬质、无机材料

选择纹路明显的木、石等天然材料,或者合成板、面砖,搭配无机材料,如不锈钢、水泥、玻璃以及塑料等。

质感

选择保留质感的加工方式,追求硬质的统一感

选择保留质感的加工方式,追求光滑、平整的硬质感觉。

形式

简洁的直线与人工曲线构成

简洁的直线与人工曲线构成平整的块面,展现稳重的效果以及略微的紧张感。

色彩

木、石等材料颜色与无彩色、鲜艳色组合

选择木、石等材料颜色搭配无彩色、银色等金属色以及鲜艳色。

自然现代风以简约现代风的设计特点为基础,但不同之处在于可以充分感触材料的质感。设计要素中既保留了美式现代风与北欧风的特点,又添入了具有亲切感的自然材料,至于简约现代风的紧张感也适当保留了一部分。

自然现代风的具体特征为使用直线、人工曲线构成明快的设计形式,材料选择木纹、天然味道浓郁的木材、石料等。然而,选择木材时,因松木材这类的针叶树木质较软,应优先考虑栎木、柚木等硬木的树种材料。色彩方面,除木、石的褐色以外,无彩色、鲜艳色等具有现代风特点的颜色都比较适合。由于空间的主要块面的颜色为茶色、褐色,虽然略显沉重,但可以营造出比较安定、稳重的气氛。

以150年前法国制的壁炉为中心，搭配了高品质的古风家具，采用左右对称的空间，展现出空间的高格调。(吉村宅·福冈县)

继承了欧洲传统样式的风格，表现出正统的空间印象

质感

形式

材料

古典风是继承了中世纪以后欧洲传统建筑样式以及装饰样式，并将其用于室内设计的一种风格。这种风格的特征随着国家、时代的不同，存在多样的变化。

其中，最具人气的风格为英式古典风。18世纪初期，安妮女王式风格使用了圆珠围绕猫脚装饰的家具，这种家具传入日本后深受民众喜爱。然而，英国传统样式中，多用桃花心木家具的乔治亚式风格，简约、干练的摄政风格以及融合了多种传统英国样式的维多利亚风格同样人气很高。

洛可可风格是典雅风的代表，形成于路易十五世时期，从法国传遍欧洲大陆，流行于上流贵族社会，无论是雕刻还是镶嵌工艺，都表现出设计的精细、优美与典雅。

古典风家具主要为上述时代以及装饰样式的古董品或复制品（古风家具）。在空间布置上，采用左右对称式，选用与古董品相同材料制成古风家具，再进行协调、搭配，具有正统感的空间效果。

材料

自然木材、大理石、自然纤维等高品质材料

选择木纹美观的桃花心木、橡木、胡桃木等硬质木材。使用固定装饰花纹以及编织工艺的自然纤维的布艺，以及其他铜制、大理石材料。

质感

加工精度统一、散发自然光泽的质感

使用硬质材料统一加工精度的家具产品，涂料、打磨需要展现自然材料本身平整的光泽。

形式

优美的曲线、稳重的直线以及左右对称

采用融合了各种固有装饰样式的复杂优雅曲线、稳重曲线或直线，左右对称式布置。

色彩

木、皮的深褐色展示稳重的高品位的格调

选择木材、皮革本身的深褐色、墨绿色、海军蓝、深红等深色系，搭配高品位的浅灰色系。

家具商品

模仿乔治亚风格的椅子

桃花心木椅子：
W78cm×D94cm×H124cm
(SH45cm)，¥66万(椅套价格另算)。

法式古典风的餐椅

设计的亮点在于仿古涂料以及手工雕刻。(W51cm×D57.5cm×H92cm
(SH47.5cm)，¥49000)

谢拉顿样式的古风家具

戴安娜王妃的家族斯宾塞伯爵家的家具复制品。
(乔治三世谢拉顿样式的橱柜：
W86.3cm×D43cm×H220.9cm，
¥916650/西村贸易)

早期美式古典风的橡木餐桌椅

(餐桌：W135cm×D85cm×H71cm，
¥220500;餐椅：每张¥66150)

墨绿色的单人沙发
直线型的设计
材料

英国古风家具将起居室、餐厅聚焦、收敛。(恩田宅·神奈川县)

传统风

使用木材、皮革等高级材料的真品意识的传统风格

在古典风室内设计中，存在一种较为朴素、稳重的传统风样式，这种样式犹如在英国古老图书馆一般庄严的格局中，置入了华丽的设计元素，最近，传统风在男性群体中较受欢迎。

传统风的特征为使用橡木、胡桃木等作为家具主要材料，再张贴皮革做成古风家具，地板采用石材或硬质木材，综合而言，设计主流为采用硬质材料。形式也是继承传统样式以及精细加工方式，表现出具有力量感和精致度的形式，色彩使用深褐色、墨绿色、深红色等深色系的颜色。

另外，美式传统风主要指殖民开拓时期，受安妮女王式风格与乔治亚风格的影响，以殖民样式为基础的室内风格，其特征主要是在正统空间中置入具有亲切感的元素。

四要素

材料

木、皮、石、羊毛等硬质、厚重感的材料

选择橡木、胡桃木等硬质木材以及天然皮革、铜制、大理石等材料。另外，厚重感的羊毛以及天鹅绒也同样适合。

质感

材料的坚硬质感以及加工的精致感

表现出材质的硬度，而采用统一精度的加工方式能够展现出材料本身的自然光泽，布艺方面采用能够展现出纺织的精细工艺。

形式

优雅的曲线、稳重的直线、左右对称式

采用各种样式原有的形式元素与装饰特点，如稳重的直线、左右对称、重心较低具有安定感的家具形式。

色彩

木、皮等稳重大方的褐色、茶色

选择木材、皮革等，如深褐色、茶色、海军蓝、深红等深色系颜色。

犹如优雅贵妇一般，
温柔女性的风格

垂布展现出布料
丰富的体量感

具有光泽感的布艺

素材

漩涡状的曲线设计

以米黄色为基调，使
用浅色系布艺协调
了整个粉色空间。
(杉本宅·东京都)

四要素

材料

丝绸、水晶等柔软材质与具有
光泽的材料

选 择 丝
绸、蕾丝、
天鹅绒等
材质的布
料以及水
晶、铜、桃
花心木等具有光泽度的材料。

质感

柔软、光泽的质感

采用统一精度的加工工艺，
通过涂装、打磨、纺织等能够
展示自然的光泽，体现柔软、
顺滑、光亮的质感。

形式

优美、典雅、纤细的曲线，
以植物花草为设计元素

采用各类风格原有的形式要
素设计而成的物品。选择猫
脚、漩涡、贝壳状的优雅曲
线，蕾丝等纤细曲线。布局方
式为左右对称式，使用植物
花草为设计纹样。

色彩

轻质兼具安定的高品位色彩

选择白色、粉色、米黄色等，
也可以考虑带红的茶色、金
色等，以及能够表现出安定、
轻松感的浅灰色系。

古典样式中，还存在一种高级华丽感的典
雅风，这种风格散发出犹如贵妇品位的女性
印象。

典雅风的特点之一为多用柔软质感的各种
布艺产品，如丝绸、蕾丝等轻薄的布料，也会使
用天鹅绒等具有光泽感的布料，或者在布料上
添加刺绣工艺等，也适合搭配水晶等具有光泽
感、纤细、优美木纹的红色桃花心木家具。典
雅风形式主要采用漩涡、贝壳等柔软、纤细的
曲线，以植物花草为主的纹样、洛可可样式的
装饰要素等。色彩采用具有安定感的浅色系以
及能够表现出高品位的浅灰色系。

由于典雅风装饰要素及形式比较丰富多
样，所以与其耗费大量精力在协调、搭配装饰
要素，还不如关注高品质的施工工艺。

起居室选择的家具整体高度相对较矮、重心偏低。柱、梁的材料是从旧民宅收集来的旧料，墙壁的材料为硅藻土。传统民宅风格的内部空间比较适合搭配亚洲风的家具及布艺。
（佐濑宅·栃木县）

形式

材料

质感

多用土、木、草等天然材料，亲切感较强

和风可以分为现代和风与民艺和风两大类。

现代和风是指以数寄屋造为代表的简洁、朴素的空间风格，内部融合了西洋式的生活习惯，主要选用原木材，家具形式以直线型为主，搭配自然抽象化的纹样或纯色布料、和纸等日式设计要素。

民艺和风是采用日本传统民艺家具的旧民宅式的室内风格。木材色彩多选择深褐色，而布艺采用KASIRI纹、蓝印染等简朴的样式。

两种风格共通之处在于，仍然采用日本传统席地而坐的生活方式，并设置低坐式沙发等，总而言之，视线集中于较低的位置。

亚洲风是利用中国、韩国、印度尼西亚等亚洲各地区的传统家具、织物等物品混合布置而成的室内风格。亚洲风主要选择天然材料，可以营造出像度假村一样的风格，其中，手工制的泰式丝绸织物，甚至是中东产的织物与日式织物的协调效果也很好，且容易搭配。

四要素

材料

以木、土、纸、藤、麻等天然材料为主

表面不施涂料的木材、旧料、土、藤、水草、帘等天然材料，搭配和纸以及自然纤维的织物等。

质感

表现天然材料质感的加工方式

不施化学涂料，充分展现自然材料、手工制、粗糙、无规律的质感。材料表面采用漆、柿汁等天然涂料处理。

形式

干净的直线、结构部件等处的自然曲线

直线以及由自然枝干制成的结构部件，因为树形不同，曲线形式无规律，属于有机的线条。空间布置方式为非对称性。

色彩

自然材料本身的颜色或是天然染料的色彩

使用不施涂料的木材、旧材原本的茶色系，水草等植物原本的淡绿色，土壤的米黄等大地色，或天然染料的蓝色等。

家具商品

与和风、亚洲风协调的直线型设计
置物柜表面部分用了黑漆，部分使用了天然木质。（W50cm×D40cm×H65cm，¥338850/MORI GALLERY）

代表韩国李朝时期的家具复制品
由天然枥材制成的朴素质感家具。（W160cm×D90cm×H72cm，¥29.4万/MORI GALLERY）

决不重样的整块木板桌面
由天然枥材制成的朴素质感家具。（W160cm×D90cm×H72cm，¥29.4万/MORI GALLERY）

类似度假村式的自然风沙发
皮革制与藤质相互组合的三人沙发：W212cm×D90cm×H75cm（SH40cm），¥26.25万。

将不同设计风格进行组合成为自己的风格

时尚在于尽情享受"组合风格"。
室内设计同样如此,按照自己的喜好,对旧与新、东方与西方的物品等进行严格筛选,搭配组合不同风格的设计,表现自己的个性。
至于用什么、怎样进行组合就需要依靠自己的选择了。在此背景下,个性也就随之产生。

现代与古典混合而成的空间一角

简约风的内部装饰中,搭配了现代风的意大利红色沙发、古典风的猫脚边几以及挂在墙上的镜子等,构建出不同时代风格物品共存的折中式空间。(N宅·岐阜县)

将心仪的物品组合在富有个性的空间内

在自然简约的北欧风空间内,组合了手工制的自然木餐桌、带有复古风的现代沙发、铁壶等日式工艺品。收集了自己喜爱的物品并将它们变成自己的风格。(田中宅·爱知县)

Part 3

室内色彩
搭配的基本课程

从硬装到软装，室内设计直接面临色彩搭配的问题。

为满足初学者的需求，本章主要阐述色彩搭配的基础知识与运用技巧。

初学者也可以掌握的色彩黄金比

色彩配比的诀窍
7：2.5：0.5

色彩协调并不是将同系的颜色简单搭配在一起。让我们一起学习将丰富多彩的物品协调统一的色彩配比技巧吧。

Point 1

营造房间印象的基础色调

基础色调是作为基调，如地板、墙壁、天花板等处占有房间绝大部分面积的颜色，也是统一室内整体空间的颜色，用色配比约占整体房间的70%，该色调决定了房间印象的最初效果，是决定将房间处理成明亮印象还是稳重印象的基础色。

Point 2

决定房间颜色印象的主色调

主色调是决定房间印象的主要色彩，面积的配比约为25%，主要由沙发、窗帘、地毯等构成。主色调是决定房间定位的颜色，需要在协调基础色调的前提下，选择与之协调的颜色。

Point 3

聚焦室内空间的点缀色调

点缀色调是点缀室内空间的颜色，面积配比约为5%，主要用在靠垫、绘画、灯罩等处，可以选择一些鲜艳的、引人注意的色彩。

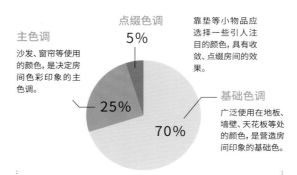

色彩配比平衡的示意图

点缀色调 5%
靠垫等小物品应选择一些引人注目的颜色，具有收敛、点缀房间的效果。

主色调
沙发、窗帘等使用的颜色，是决定房间色彩印象的主色调。

基础色调
广泛使用在地板、墙壁、天花板等处的颜色，是营造房间印象的基础色。

25%

70%

即使颜色相同，配比不同，最终呈现的效果也将不同

所谓室内空间的色彩协调，并不是指全部使用同一种颜色统一进行协调，而是指在空间内把握并搭配所有不同色彩。因此，色彩配比重要至极。例如，白色衣服搭配黑色小配饰的效果与这两者置换后的效果截然不同，色彩的面积比不同的话，呈现的最终效果也会改变。

初学者首先应明确区分基础色调、主色调、点缀色调，确定它们的面积配比约为7：2.5：0.5。虽然也有在一个室内空间内使用同量和谐搭配了各种不同颜色的案例，但统一整体空间需要高度的专业技巧以及较强的审美能力。使用上述色彩配比的方法，相对比较容易、快速地掌握色彩搭配的技巧，设计出的室内空间既有安定感，也保证了一定的时尚感，能够轻松把握好房间的色彩平衡。

色彩配比的平衡

基础色调
- 地板、墙壁、天花板等面积较广的范围使用的颜色
- 面积约占全部面积的70%
- 房间印象的基础色调

主色调
- 沙发、窗帘等使用的颜色
- 面积约占全部面积的25%
- 房间印象的加分色

点缀色调
- 抱枕、靠垫等小物品使用的颜色
- 面积约占全部面积的5%
- 引人注目的颜色

**紫粉红为主要色调，
适合女性卧室的颜色**

基础色调为天花板、裙板、窗户周围使用的白色，主色调为墙壁、地毯等使用的紫粉红，与此呈近似对比色的粉蓝成为点缀色。

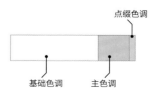

点缀色调

基础色调　主色调

59

削弱存在感强的颜色，能够感到"统一"才是秘诀

色彩搭配的诀窍
——重复

在这里介绍一下室内设计中，红色、黑色等存在感强或个性颜色的搭配技巧。

Pattern 01

在房间中，红色、黑色的小物件适当露脸

在使用了各种不同颜色的个性室内，仔细观察会发现，红色、黑色等存在感强的颜色分散分布，重复出现在室内。(式町宅·佐贺县)

分散并重复使用这些颜色能够产生统一感

在室内空间内使用一些存在感突出的颜色时，不要仅仅使用在一处，因为这类颜色会显得有些唐突、尴尬。如果想要解决这个问题，那么请将这种颜色分散并在整个空间内重复使用。分散重复使得存在感突出的颜色自然融入房间内，进而产生了色彩的统一感。

例如，如果需要放置红色沙发，那么重复使用红色花纹的窗帘、小杂物或CD盒等可以达到调和色彩的效果，如此处理，仅有沙发的红色不会唐突地出现在空间内，房间整体统一，也产生了一种时尚感。

另外，采用浅色系统一而成的自然风房间内如果置入了黑色电视机，同样可以采用上述技巧进行统一，安置一些适合自然风的黑色物件，如窗帘杆、绘画艺术品等，能有效削弱黑色电视机的突出感，使整个房间统一和谐。

心仪的绘画中出现的颜色重复使用在生活
杂货的陈列展示中

将海报中重复使用的颜色用于小杂物上。绘画或
花纹中挑选一两种颜色进行协调统一，效果明显。
（细川宅·长野县）

绘画中的黄色重复
出现在杂货内。

与海报中的红色相
互搭配，红色的杂货
也分散出现在附近
的空间。

Pattern 03

分散并重复使用存在感强的颜色，使点缀色
变得清楚明了

安定的室内空间中分散出现了红色椅子、红色小
杂物等，明确了这些颜色作为点缀色的作用。（佐
藤宅·爱知县）

选择并分散布置鲜
艳的家具、书籍封
面以及小杂物等

Pattern 04

重复使用花纹中的某一种颜色或是家具颜
色等，统一协调整体空间的色彩

绿色的藤椅与古风杂货、靠垫花纹的粉色与粉色
花，共同形成了房间的统一感。（柴田宅·茨城县）

粉色花纹与同色花
一起装饰

重复使用同色便于统
一空间

内装与室内物品的色彩统一

针对室内基础部分的色彩协调技巧

室内基础部分,如地板、墙壁、天花板、定制家具以及房间内的木材构件、金属构件等,这类色彩搭配如何处理?下面一起考虑室内空间骨架部分的色彩类别及其协调的方法吧!

使用既有开阔感又有安定感的颜色

整体采用了自然色,地板颜色较深,而墙壁、天花板颜色较浅,这样的搭配可以增加房间的安定感,并让房间看起来比较开阔。

明亮的地板颜色使空间更开阔

这是具有轻松感的北欧风房间,在狭小的公寓内采用浅色系的地板颜色,可以使空间感觉比较开阔。
(森宅·东京都)

Point 1

按照地板、墙壁、天花板的顺序,颜色由深到浅,可以增加空间的开阔感

两件尺寸与体量相同的物品,选择黑色和白色呈现的效果将完全不同,黑色略显沉重,而白色相对轻松。内装可以利用这种明暗效果选择适合的材料,地板选择较暗的颜色,而墙壁到天花板选择明亮色,将显得天花板高度较高,因而有白色显得天花板比实际高度高出10cm,而黑色却显得比实际高度低20cm的说法。

从地板、墙壁到天花板,由低到高的颜色越明亮,颜色设置从地板到天花板的高度看上去比实际高度高。墙壁与天花板若处理成同色,情况也不会改变。

天花板颜色设置为深色的话,将显得比实际高度要矮一些,所以具备休息、放松功能的卧室或书房等处比较适合这种设计方案。

Point 2

使用浅色、明亮的地板颜色,原本狭窄的房间会显得更开阔

日常穿搭中,穿白色衣服显胖,穿黑色显瘦,这是因为深色系具有凝聚、紧缩效果,而浅色系具有放大、膨胀效果。善于运用这种规律,在狭窄房间内使用浅色、亮色系,使房间显得开阔。

地板选择亮色,而墙壁、天花板与之深浅反差较小的话,狭窄的房间也能显得开阔、明亮。

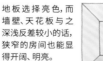

地板选择深色,而墙壁、天花板与之深浅反差较大的话,能够营造稳重、安静的空间氛围。

木材构件使用深褐色，金属构件采用黑色铁艺统一

木质床与梁的颜色进行组合，选择深褐色。而窗帘杆、照明、边几的脚等金属构件使用了黑色铁艺进行统一。(N宅·神奈川县)

金属构件选择代表现代感的银色进行统一

沙发脚、桌脚等金属构件使用银色，地板、桌面使用能够展现木纹的白色进行统一。(峰川宅·栃木县)

在协调色彩时，需要注意木材构件与金属构件的颜色。尤其当木材构件采用浅褐色、红褐色以及深褐色时，就必须意识到已经使用了三种颜色。主要的家具颜色，如门与定制材料的颜色能够统一为一种的话，看起来比较协调。购买家具时，也必须确认其颜色、质感、材料，如果打算融入整体房间内，推荐选择相同要素的物品，反之，如果打算作为空间点缀的话，建议选择相异要素的物品。另外，使用在窗框、照明等处的金属构件也需要统一其色彩与质感。

力量感的墙壁与现代家具的对比产生美感

将深褐色的墙壁作为背景，能够彰显现代家具的美感。(Sarerainen宅·山梨县)

Point 4

选择家具时，也要注意背景

墙壁的颜色、材料

将家具与墙壁颜色统一为单色的话，家具将被墙壁同化，使得空间略显单调。因此，为了展现内装与家具各自的魅力，建议更换墙壁的颜色、材料。

色系多且花纹尺度较大，将产生压迫感，使房间看起来比较狭窄。

为了使房间看起来比较开阔，可以选择接近白色的明亮色、纯色无花纹或花纹较小的壁纸与布艺。

花纹为横条状的壁纸虽然能够强调空间的开阔感，但天花板高度也会显得较低，形成压迫感。

花纹为竖条状的壁纸虽然能够强调房间的纵向高度，但如果大面积使用色彩对比强、尺寸较宽的条纹反而会使房间显得狭窄。

Point 5

颜色、花纹不同的壁纸和布艺可以使房间看起来比较开阔，也能协调房间的平衡感

选择墙壁、窗帘和布艺等物品前，建议首先确认这些物品的颜色与花纹。使用花纹尺度较大的物品将显得房间具有压迫感，而横条纹、竖条纹将分别展现出房间的横长感、纵向感。

即使是相同颜色，根据面积大小的不同，感受也随之发生改变。使用面积越大，亮色系越发显得明亮，深色系越发显得暗淡。所以，挑选地板或壁纸时，尽可能参照真实场景或者样板房等大面积使用范围内的效果，如此比较容易选择出合适的方案。

门窗、梁及定制家具的色彩与地板相互统一或者与墙壁相互统一

木材构件与地板颜色选择同色，能够展现房间的统一感

门窗、天花板（铺设木板）的颜色与地板同色，展现出房间的统一感，也便于协调其他的生活小物品。（福地宅·北海道）

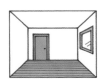

搭配方法之一为门窗等与地板材料选择同种原木色，便于协调，且具有统一感。

搭配方法之二为门窗、定制家具与墙壁采用同色系。即使门窗、收纳橱柜门数量较多，但存在感较弱，房间显得比较开阔。

搭配方法之三为门窗、定制家具比地板颜色深的话，将显得空间较收敛，房间显得有厚重感。

一般而言，决定门窗、定制家具等木材构件颜色的方法之一是考虑将其颜色与房间地板颜色采用同色处理（上图）。方法之二是门窗、定制家具等构件颜色应比地板颜色略深（图1），起到收缩空间的效果。当定制收纳用的空间面积大于墙面时，收纳橱柜的门与地板采用同色处理，将显得空间具有压迫感。所以，这种情况的处理方法应当将门窗与墙壁颜色相统一，显得房间比较开阔（图2）。

图1:门窗、梁、定制家具等木材构件比地板的颜色略深，显得空间具有厚重感。（Deki宅·大阪府）

图2:门与室内窗户等木材构件采用与墙壁同色的手法进行统一。因为与墙壁颜色相同，少了分割视线的界面，显得房间更开阔。（荻原宅·茨城县）

地板颜色与家具组合，能够增加空间的统一感与宽敞感

上图：统一地板与家具的颜色，即便是形式、风格不同的家具也能自然融入空间内，展现出空间的统一感，亮色系能够使房间看起来更开阔。（K宅·大阪府）

亮色系的地板与褐色系的家具搭配

中图：家具颜色比地板颜色深，可以凸显家具，具有聚焦空间的作用。另外，深色系家具比较有品质感。（佐佐木宅·爱知县）

深褐色的地板搭配白色家具

下图：高级的协调方式将深褐色的地板与隐藏木纹的白色木质家具进行组合搭配。（佐藤宅·埼玉县）

木质家具因其与地板的颜色搭配及其质感的不同，影响房间的整体空间，空间可能因此显得非常开阔，也可能会显得家具的存在感比较突出。

亮色系的地板及与其同色的家具共同布置将显得房间比较开阔，因木材颜色统一，便于添置、搭配一些生活的小杂物（上图）。亮色系的地板与深色系家具搭配，可以强调家具的存在感及其形式。因为深色系有厚重感，所以能够让家具更显出高级的品质感（中图）。若是深色系的地板搭配浅色系的家具，家具的存在感将减弱，建议选择高品质的实木家具，并且采用隐藏木纹的处理方式（下图）。

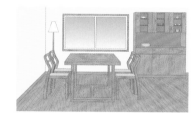

地板与木制家具选择同色，便于协调，也便于展现空间的统一感。使用亮色系能够确保房间开阔、明亮。

木制家具比地板颜色略深，可以起到收敛空间的作用。深色家具同时能够较好地展现高级感。

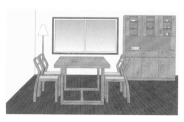

家具比地板颜色略浅，家具看上去比较轻巧，建议选择高品质的实木家具或者隐藏木纹的白色家具。

选择适合室内风格的颜色

色彩构成与个性
的基本知识

需要理解色彩的构成、个性、印象等基础知识，然后选择适合室内风格的颜色。

色彩的构成

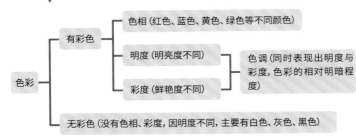

色彩的构成与变化

颜色主要分为有彩色与无彩色。其中，有彩色是根据表示色彩属性的色相、表示鲜艳度的彩度以及表示明暗程度的明度的不同，产生色彩世界的各类丰富的变化。

色相环

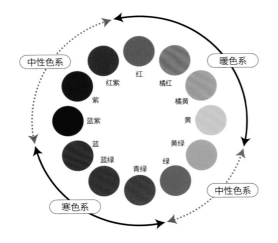

色相环按照从波长较长的红色到波长较短的蓝紫色依次排序，并在蓝紫和红色之间加上紫色与红紫，最终形成环状的色彩排列。色彩学中，虽然将色相划分为10色或24色，但本书内仅分为12色。色相环中，相对的两种颜色为对比色（互补色），而相邻的颜色称为同类色（邻近色）。

在有彩色中，根据光的波长不同，产生红、黄、绿、蓝、紫等各种颜色，这些颜色被称为色相。

色彩让人产生各种各样的联想印象，但存在一般联想的共同印象。例如，白色代表清洁感，紫色带有神秘的气氛，绿色能够让人感到自然等。

在室内空间内，家人聚集的起居室一般选择稳重气氛的褐色系和绿色系，而浴室、洗脸台采用具有清洁感的白色。根据房间的用途，选择与其印象匹配的颜色，能够演绎出舒适的空间效果。

在室内空间内活用色彩个性及其印象

Theme 1

色相与印象

色彩的感觉

⬜	白色	… 干净、简约、纯粹
⬛	灰色	… 人工、冷峻、安静
⬛	红色	… 活力、运动、提升食欲
⬛	粉红	… 女性、浪漫、舒适
⬛	茶色	… 自然、稳重、安心
⬛	绿色	… 森林、自然、放松
⬛	蓝色	… 冷酷、理性、爽快
⬛	紫色	… 庄严、高贵、神秘

鲜艳的橙色、红色营造快乐的印象

红色、橙色、茶色、黄色等暖色系构成的空间演绎出具有温度感的起居室与餐厅，使用这些暖色使得空间生机勃勃。(铃木宅·东京都)

鲜明的红色让人感觉活力四射、空间活泼、现代

以白色的墙壁与沙发为背景，红色的靠垫、窗帘等布艺产品点缀了整个空间。鲜明的红色与纯洁的白色共同使用，展现出活泼、具有现代感的气氛。(河合宅·东京都)

浅绿色令人感觉稳重

墙壁与桌布抑制了颜色的纯度，选择了浅绿色。天花板、结构和家具等处使用了象牙白，衬托出浅绿色的稳重感。(N宅·爱知县)

Theme 2

色调与印象

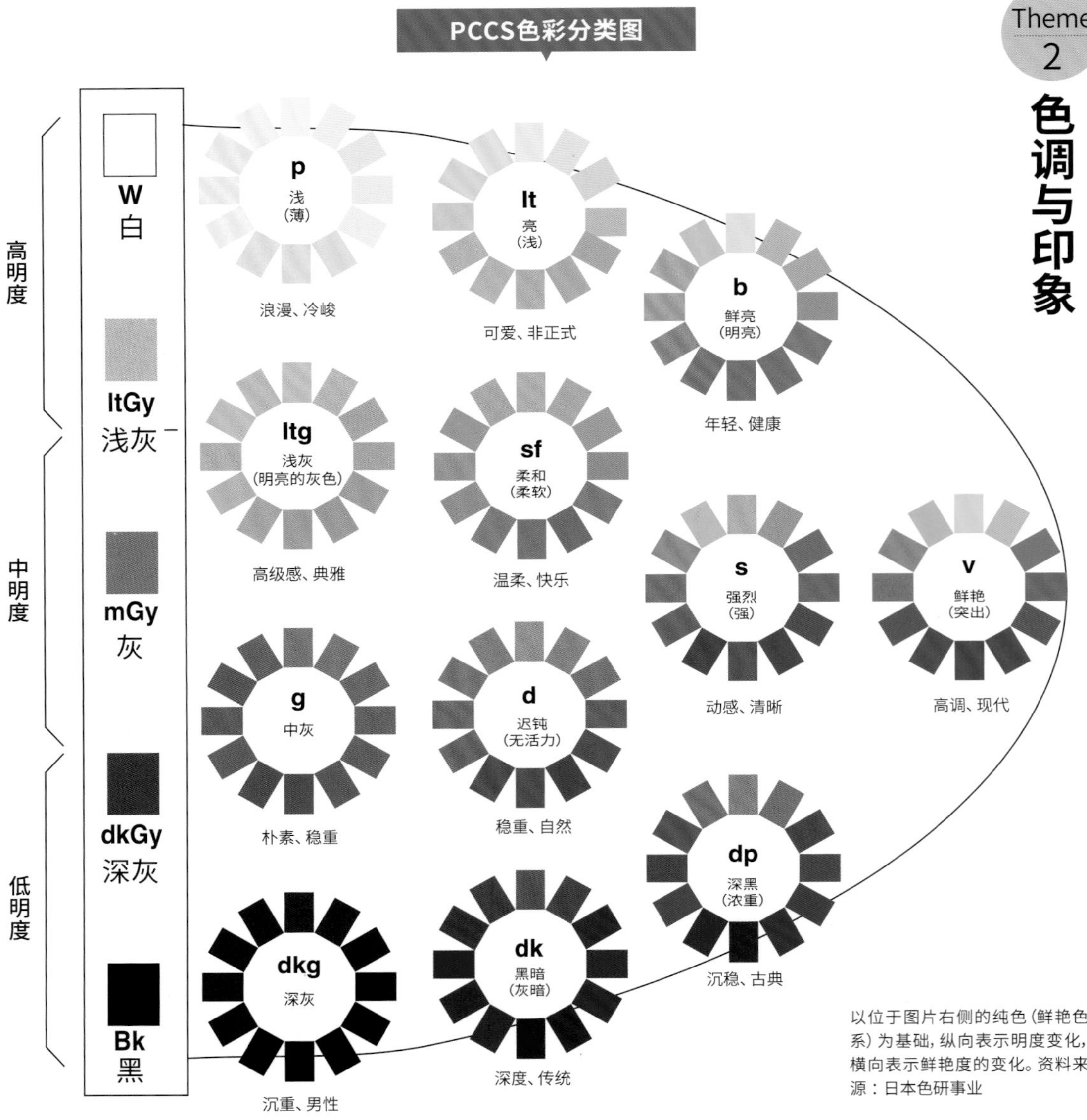

PCCS色彩分类图
高明度
中明度
低明度
W
白
ltGy
浅灰
mGy
灰
dkGy
深灰
Bk
黑
p
浅
(薄)
浪漫、冷峻
lt
亮
(浅)
可爱、非正式
b
鲜亮
(明亮)
年轻、健康
ltg
浅灰
(明亮的灰色)
高级感、典雅
sf
柔和
(柔软)
温柔、快乐
s
强烈
(强)
动感、清晰
v
鲜艳
(突出)
高调、现代
g
中灰
朴素、稳重
d
迟钝
(无活力)
稳重、自然
dp
深黑
(浓重)
沉稳、古典
dkg
深灰
沉重、男性
dk
黑暗
(灰暗)
深度、传统

以位于图片右侧的纯色(鲜艳色系)为基础,纵向表示明度变化,横向表示鲜艳度的变化。资料来源:日本色研事业

明度与彩度的变化使色彩具有各种各样的表情

色调由明度(明亮度)、彩度(鲜艳度)构成。例如,在色相环中,选择鲜艳色系的绿色,然后逐步加入适量白色,将渐渐提高绿色的明度,同时也降低了彩度,绿色就慢慢地变为淡绿色。这种逐渐变浅的颜色变化称为浅色调;如果在绿色中逐渐加入黑色,那么明度和彩度都会渐渐变低,变成了深绿色,这种变化被称为灰色调。有彩色因在纯色中加入了白色或黑色,因此产生了灰色的变化,明度与彩度也相应发生了改变。

另外,红色代表热情,而蓝色代表冷酷。因为色彩有各自的色相及其给人的印象,能够反映出颜色的个性(参照上图),因此即便色相相同,若色调发生变化,也将产生完全不同的印象。

亮色系

给人的印象为年轻、运动、高调、强烈、锐利、刺激

20世纪50年代的美国印象。黑色的厨房组合搭配艳丽、明快的椅子、布艺等个性鲜明的色彩,室内效果突出。(高桥宅·群马县)

浅色系

给人的印象为温暖、明亮、亲切、稳重

使用了玫瑰花纹的单人座沙发与靠垫、豆沙红地毯构成的空间色彩亲切,适合在这里度过放松、慵懒的下午茶时光。(K宅·群马县)

深色系

给人的印象为传统、成熟、浓密、稳重、深度

深绿色的壁纸、暗红色的地毯和窗帘等使用深色系统一协调的英式风格。这种风格也适合搭配古风、古董家具。

灰色系

给人的印象为安静、稳重、低调、冷酷、高级

使用间接照明的床背景为灰色调,展现出空间的冷酷、稳重感。绿色的观叶植物为这个灰色系空间点缀了一抹生机。(Y宅·群马县)

成功协调色彩的配色技巧

配色的四种类型

主要介绍使用心仪的颜色装饰房间的配色及其协调技巧。

红色的浓淡渐变富有魅力

以鲜艳色中的红色为主,选择了浅红色、深红色、红灰色、暗红色等不同浓淡程度的红色,组合成富有魅力的室内空间。(土器宅·东京都)

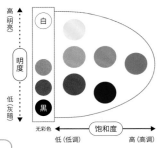

高(明亮) / 明度 / 低(灰暗)

白 / 黑

无彩色 / 饱和度 / 低(低调) / 高(高调)

| Pattern 01 | 同色系 |

同色系协调是组合搭配色相相同但明度、彩度不同的颜色。因为不存在其他色相的颜色,所以相对比较容易统一协调,植物纹、方格、条纹等多种纹样存在的高难度的室内搭配便可以使用这种方法来协调整体。

倘若打算设计"蓝色的房间",全部使用同一种蓝色,整个房间难免呈现比较乏味、单调的印象,而使用同色系、不同色调的方法便可以将不同色调的颜色重组,营造具有深度、变化丰富的空间效果,既增添了房间的色彩,也使用了浓淡渐变,让房间富有魅力。

同色系协调方法中,存在一种任何年龄都非常适合的搭配色——褐色系。褐色属于中立性格,没有明显的偏向,因此为了打破单调、平淡的印象,建议选择不同材质的物品,或是采用浓淡色彩组合搭配。

同一种颜色因色调不同而产生不同的颜色,享受这种不同色调形成的漂亮配色

褐色、米色的同色系协调。由于褐色给人中立性格的印象,受到不同年龄段人群的喜爱。

蓝色的同色系协调令人感到稳定、安详,因为仅仅使用了一种颜色,所以即便花纹多样,也比较容易协调。

在卧室内不管是墙壁、床上用品以及墙上装饰的艺术画等都使用了不同色阶的蓝色。以不同的蓝色构成了整个室内空间，同色系的搭配组合相对比较容易，建议使用种类不一的同色系布艺产品尝试协调卧室空间效果。

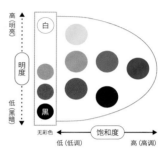

同色系的协调搭配受浓淡变化的不同赋予了空间整体印象的差异

浓淡变化较少的案例

浓淡变化明显的案例

柔软的颜色与天然素材组合搭配，营造出令人舒适、放松的空间

地板选择了松木材，墙壁为硅藻土，浅色的木质家具和米黄色的窗户、结构部件等使整体空间统一在浓淡变化差异较少的浅色系中，展现出亲切、稳重的气氛效果。

深褐色家具使空间紧收，表现出冷峻的印象

米色与深褐色两种明度不一的搭配使空间表现出冷峻的印象，以壁炉为中心，对称式的家具布局同样加深了空间的紧张感。

71

色调的案例

高（明亮）

明度

低（灰暗）

白
浅薄
浅灰
柔软
鲜艳
灰色
深色
黑

无彩色　←　彩度　→

低（低调）　　　　　　高（高调）

色调可以同时表现明度与彩度。一旦改变纯色的明度与彩度，加入一丝白色、灰色或黑色，都会产生各种各样的色调、色彩的变化。同色调由属于不同色调的颜色（详见第68页）构成。

由鲜艳、个性的色彩构成的室内空间

鲜艳多彩的地毯与紫色的靠垫构成室内空间。（上野宅·神奈川县）

因为明度、彩度以及印象相同，多种颜色搭配在一起也不会产生违和感，属于协调的配色方法

同色调协调是指统一不同颜色的色调。

这种方法最大的优点在于可以选择多种不同的颜色，因色调相同，换言之，明度、彩度都相同或相似，便于颜色协调，可以营造出丰富多彩的室内空间。

鲜艳色本身具有活泼的特征，例如，使用柔软色调可以表现出舒适、安静的气氛。每一种色调的个性、印象都不同，可使用适合的色调尝试营造心有所属的室内空间。（可参考本书第68页介绍的色调分类图选择喜欢的颜色）

使用了非正式的、具有可爱特点的亮色系搭配。

自然、安定印象的稳重色系搭配。

明亮、可爱的亮色系的室内效果

亮色系选用了粉蓝、粉红、粉绿、粉紫，组合成的卧室空间多彩可爱。与白色系的家具、窗户等物件协调效果突出。

安静、有品位的浅灰色空间效果

床靠背、靠垫等使用了灰绿色，而墙纸却采用了灰蓝、米色等不同色相的颜色。只要色调相似整齐，仍然可以优雅地协调整体。

颜色比较相似，便于与其他颜色组合搭配，展现具有安心感的色彩协调方式

相似色搭配是指将在色相环中相邻、相近位置上，也就是相似色相的颜色，进行协调搭配。相似色色相差别较小，且其性格印象比较接近，因此相对方便统一。

建议采用如夕阳颜色、逐渐变深的大海颜色、树木因光影不同而产生的颜色等自然界常见的色彩，人对自然界的颜色比较亲切熟悉，能产生安定、轻松感。

橙色、绿色的水果型颜色
墙壁选择了黄色，厨房的隔断则采用绿色。选择相似色进行组合可以营造富有生机的室内空间。(Y宅·东京都)

红色、橘色的暖色系变化，营造了活泼、温暖的印象。

蓝色、紫色的冷色系变化，营造了稳重、安静、冷酷的印象。

柠檬黄、蓝色的搭配营造安定的室内空间
置物柜选择了离绿色较近的柠檬黄，搭配了绿色的墙壁、蓝色的艺术品……可以让人自然联想到植物与水等的颜色，整个空间令人产生安定的感觉，适合作为儿童房。(儿玉宅·东京都)

个性不同的颜色之间相互对立
组合的高级配色方法

对比色搭配是指色相环中位于相对方向的颜色组合的配色方法。互为对比色的颜色性格正好相反，给人的印象也正好相对，具有相互凸显的特点。

反差明显的对比色属于刺激的配色方案，若将无彩色、无性格色作为基础，其间应添入对比色便于协调。或者可以降低彩度，将对比色作为主色调或点缀色，提升装饰的品位。

绿色与紫色，个性的颜色可以提升品位

使用浅绿色作为基础色，设置了少量深紫色作为点缀色。虽然采用了对比搭配的方法，但由于降低了明度与彩度，提升了整个空间的品位。(P宅·英国)

使用了橘色的对比色——蓝色作为靠垫颜色。

绿中带黄与红紫色搭配。属于个性较强的对比色搭配方法。

鲜艳的对比色搭配白色天花板与深色家具

考虑了色彩平衡，决定使用对比色，橘色与蓝色完美搭配。白色天花板与深褐色家具的选择也是成功的秘诀。(B宅·美国)

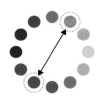

白色调室内设计

白色不仅是一种颜色，它的变化居然有这么多

"墙壁是白色，白色风格"，即便这样要求，实际装修也难以达到预期的效果。
原因在于白色存在多种类型：暖白色、冷白色、自然白……
白色中蕴含着微乎其微的色彩要素，请选择适合的白色搭配房间。

可爱、容易亲近的乡村风白色

具有亲切感、朴素感的奶油色，这种颜色类似奶油，黄中带白，适合在乡村风、自然风空间内使用。

黄色调

奶白色
黄色系中的白色为基础色调

温暖、轻松的典雅风白色

米白色中混入了轻薄的粉色，能够感觉到白色中存在微微的红色，空间令人放松，适合女性题材的室内风格。

红色调

带有粉红的
米色系白色

现代、干练印象的白色

白色中含有一些米灰色，展现出一定的温度感，适用于传统风和现代风，属于用途广泛、干练的白色。

暖灰色调

暖灰色中的白色
为基础色调

冷酷的、都市现代风的时尚白色

属于冷白色，带有蓝灰感觉的白色，展现出简约的印象，适用于简约现代风的室内设计。

冷灰色调

冷灰色系中的白色
为基础色调

Part 4

家具选择与
布置的基本课程

为了让室内空间宽敞舒适，选择自己喜爱的家具以及布置家具的方法
格外重要。
家具类型、房间性质的不同影响空间布置的最终效果，本章介绍了众
多人气家具店铺的商品信息。

找到心仪之物的确认项目

商品类别 **家具选择的技巧**

Furniture
Lesson 1

家具是生活的道具,它的设计、尺寸、功能性、耐久性等都非常重要。这里主要介绍选购商品时几个要点。

简约风、自然风正式感的餐厅

设计简洁,属于自然风的餐桌与餐椅。椅面设置了坐垫,即使久坐,也不会感到疲劳。椅背设计轻巧,保证了视线上空间的流畅性与通透性。(安田宅·东京都)

Item 01

餐厅桌椅

**餐桌与椅子的关系
以及选择要点**

移动椅子时轻便者为佳。

确认材料、涂料、装饰的种类、耐磨性等方面。

安装了木条的桌子比较稳定。再确认椅子是否能够收纳在餐桌下方。

椅面的高度、深度、靠背的角度需要符合人体工学。靠背较高的椅子具有庄重正式的感觉。狭窄的房间内,建议选择靠背较低的设计达到视线的通畅。

建议选择稳定感强的椅子,3条椅腿的椅子因重力的关系方便失去平衡。

影响饮食时坐感的舒适度主要在于椅面与餐桌桌面的高度差,适合的高度差为27~30cm。

坐下时,脚置于桌脚一侧比较具有稳定感,但从餐桌旁通过时,桌脚向内侧倾斜的设计更方便通行。

椅子的选择要点

避免挑选椅面较深的尺寸, 靠背角度较大的椅子。

有扶手的椅子需要留意扶手高度是否足够收纳到桌面下方。

椅面的高度是否适合足部轻松放置在地板上, 大腿后方是否存在压迫感, 还要避免椅面前端突出的设计。

椅面坐垫不要过软。

一人饮食的空间

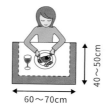

60～70cm

40～50cm

确定餐桌的尺寸是, 需要考虑座位数量, 可以参考图例所示, 添加人数及其空间尺寸。

尺寸

如果是长方形的, 可以靠墙放置, 在周围规划必要的空间

选择桌子尺寸需要结合房间的面积与用途, 桌子周围还需要预留出椅子移出的空间 (参见第87页)。另外, 长方形桌子与圆形桌子相比, 比较省面积, 其中一条边靠墙更能节省空间。

餐桌椅所需的空间

(单位:cm)

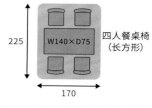

225

W140×D75

四人餐桌椅 (长方形)

170

放置四人用餐桌椅需要2.3叠 (每一叠: 90cm×180cm), 带扶手的椅子比较占空间的宽度。如果空间有限, 推荐使用无扶手的椅子。

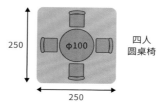

250

φ100

四人圆桌椅

250

圆形餐桌比长方形餐桌占地更多, 可以较为自然地和邻座一起交谈, 可以满足5个人的位置。

材料·涂料

使用频率高的桌子需要留意耐久性及维护方式

Point 2

餐桌桌面的材质是合成板、贴面板或是实木板, 差别也比较大。一整块实木板作为桌面材质, 价格昂贵, 所以常见的是使用多块拼合而成的实木板。

聚氨酯涂料可以形成一层树脂膜, 保护桌面不受污染和磕伤, 日常的维护也比较简单。但是, 如要再度涂抹的话, 需要去掉原有的树脂膜。实木板的日常维护可以选择橄榄油或蜡, 保证木料的呼吸, 也可以增加材料的质感。

坐感

椅子需要确认靠背与腰的契合度、椅面的高度以及深度

Point 3

选择餐椅的时候, 必须脱掉鞋子确定坐感是否舒适。靠背也是需要尝试的, 尤其是腰、背与靠背的接触面是否舒适。足部完全放置在地板上, 感受大腿后方是否存在压迫感, 以此判断椅面的高度是否合适。有些餐椅的椅脚可以调节高度, 若是椅面过高, 可以和店铺协商所需椅脚的高度。

设置了坐垫的椅子可久坐, 坐垫表面与桌面底部之间的距离以27～30cm为佳。

北欧设计的沙发造型冷峻、轻巧

在家具店购买了一张北欧风的三人座沙发与一张单人座的沙发。扶手部分为木质, 座椅部分坐感舒适, 搭配整个室内设计, 空间感觉轻快、开阔。(松井宅·爱知县)

沙发

沙发属于大型家具, 为了搬运的需要, 事先应规划好搬入室内空间的路径以及确认出入口的宽度。

沙发的选择要点

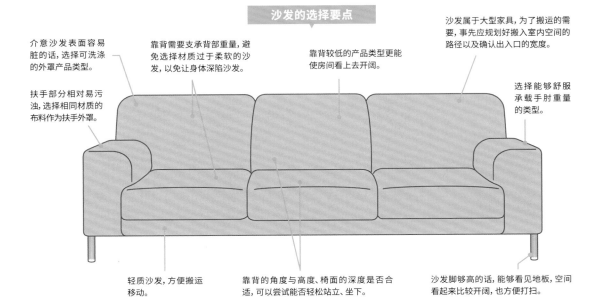

介意沙发表面容易脏的话, 选择可洗涤的外罩产品类型。

扶手部分相对易污浊, 选择相同材质的布料作为扶手外罩。

靠背需要支承背部重量, 避免选择材质过于柔软的沙发, 以免让身体深陷沙发。

靠背较低的产品类型更能使房间看上去开阔。

选择能够舒服承载手肘重量的类型。

轻质沙发, 方便搬运移动。

靠背的角度与高度、椅面的深度是否合适, 可以尝试能否轻松站立、坐下。

沙发脚够高的话, 能够看见地板, 空间看起来比较开阔, 也方便打扫。

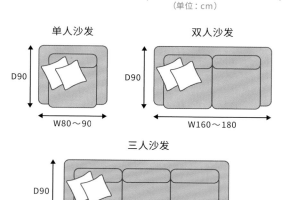

沙发标准的尺寸

单人沙发　D90　W80～90

双人沙发　D90　W160～180

三人沙发　D90　W210～240

需要确认整体尺寸以及座位的尺寸。扶手部分较宽的话，将影响座位的宽度，但扶手上方较宽，可以放置饮料与其他杂物。考虑到坐的人的不同体型，利用靠垫便于调整沙发深度。

Point 1　尺寸

选择既适合空间大小，也满足放松方式的尺寸

沙发尺寸的重要性不仅体现在沙发整体造型上，还体现在座面部分。单人沙发所需的宽度在60cm左右。扶手较细的话，需要保证座面的范围大小以及整体设计尺寸。设有沙发靠垫的沙发一般座面进深比较大，能满足坐卧的需求，但需要较开阔的起居空间。

有些沙发的设计进深较小，造型简洁、轻巧，不会产生压迫感，适合于小空间的家庭。

沙发的排列空间设置分为Ⅰ型、相对型、L型。小空间家庭推荐采用现代简洁的沙发，能节省空间。

Point 2　设计、沙发表面材料

设计与尺寸感相关联，了解维护沙发表面材料的方法

高背型沙发虽然可以承托头部的范围，但本身体量感较大，狭小空间内容易产生压迫感。沙发腿较高可以看到地板，空间显得较开阔。

较受欢迎的沙发表面材料是布艺织物，靠垫也是如此，因此日常定期维护、清洁变得比较重要，建议使用安全性高的防水喷雾阻止污物黏附在沙发表面。天然皮革面料虽然价格较高，但其耐久性以及长久使用后产生的材质变化都是其优点。而人工皮革的面料更适合有儿童的家庭。随着家庭成员的成长，也可考虑将面料换成布艺的。

Point 3　材料、坐感

即使久坐，也不会感到疲劳，确定靠垫与沙发座面的高度

影响座面舒适度的因素有沙发的弹簧、填充体、编织绷带等。常见的填充体有聚氨酯、聚酯纤维、羽绒等等。材质不同，密度也不同，从而影响沙发的耐久性、坐感、舒适度以及价格。

选择或试坐沙发时，需要确认商品是否让人产生了疲劳感，坐垫是否变形，是否便于站立，大腿后侧是否存在压迫感，此外还有沙发靠背能否支承身体等细节。

床

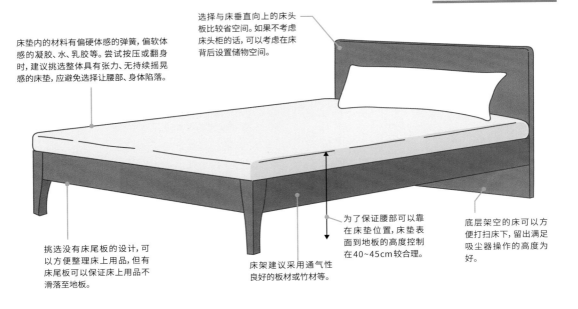

床垫内的材料有偏硬体感的弹簧,偏软体感的凝胶、水、乳胶等。尝试按压或翻身时,建议挑选整体具有张力、无持续摇晃感的床垫,应避免选择让腰部、身体陷落。

选择与床垂直向上的床头板比较省空间。如果不考虑床头柜的话,可以考虑在床背后设置储物空间。

挑选没有床尾板的设计,可以方便整理床上用品,但有床尾板可以保证床上用品不滑落至地板。

床架建议采用通气性良好的板材或竹材等。

为了保证腰部可以靠在床垫位置,床垫表面到地板的高度控制在40~45cm较合理。

底层架空的床可以方便打扫床下,留出满足吸尘器操作的高度为好。

床架与床垫,即便有标准尺寸,也需要再测量。

床是由床架与床垫两部分构成,可以分别购买。虽然都存在标准尺寸,但由于设计不同,实际的尺寸也存在差异。因为床的整体尺寸根据有无床尾板和设计的不同存在尺寸上的出入,因此,实际购买时建议重新测量。身高较高的人推荐使用长210cm左右的床。

Point 1

尺寸

床架与床垫,即便有标准尺寸,也需要再测量

床的标准尺寸

(单位:cm)

	宽(W)	长(L)
单人床	97~110	200~210
大床房	120~125	200~210
双人床	140~160	200~210
皇后床	170~180	200~210

选择要点在于可以保证舒适的睡眠,仰卧、翻身时也很方便。过于柔软的床垫导致身体塌落,睡得不安稳,反而加重肌肉的负担。然而,过硬的床垫无法分散体重,造成血液流动不畅、难以安眠。

购买时,建议实际体验床垫的软硬舒适度,避免选择让身体塌陷或感到持续摇晃的床垫。

Point 2

体感

购买床垫时要躺下感受

☐ 设置场所是否符合使用功能? 是在厨房内使用, 还是在餐厅内使用? 如果是在厨房使用, 作为开放式置物架更为方便一些, 可以收纳烤箱、微波炉等家电, 放置电饭煲的空间, 需要确保其到柜子顶部的高度, 以及其周围是否需要使用耐热性强的材料。如果是在餐厅使用的话, 建议同时设置开放式与封闭式收纳两种类型的设计。

Item 04

橱柜

☐ 最大尺寸的盘子是否能收纳在橱柜内? 需要确认柜子内部的尺寸。

☐ 柜门的金属件是否保证耐久使用? 若是玻璃制门, 建议使用钢化玻璃。

☐ 抽屉抽拉时是否发出明显的声音? 内部设置托盘便于收纳勺子、叉子以及筷子等。

☐ 整体尺寸较高的橱柜建议确认是否安装了防倒的金属构件。

Item 05

茶几

☐ 茶几桌面的高度是否符合使用功能? 一般情况使用的话, 高度为30~35cm, 若是需要满足简单饮食需要的话, 要略微抬高至40~45cm。

☐ 茶几桌面是否是采用了耐磨材质? 若是玻璃材质的话, 建议采用钢化玻璃。

☐ 茶几桌角是否比较尖锐, 是否容易使人受伤? 狭窄的房间或是有儿童的家庭内, 建议桌角采用磨圆或是椭圆形的设计为佳。

☐ 是否方便移动? 设有轮子的设计方便打扫卫生。

☐ 是否带有暗柜或抽屉? 为了使茶几桌面整洁有序, 是否有放置报纸、杂志、遥控器等杂物的地方?

Item 06

置物柜&衣柜

☐ 抽屉是否坚固、耐用? 底板与侧板是否使用了耐久性材料? 连接部分是否坚固?

☐ 抽屉抽拉是否流畅? 建议重复多次尝试这个动作。

☐ 抽屉抽拉时是否会发出明显的声响? 抽屉两侧的缝隙容易受虫害或湿气的影响。

☐ 置物柜顶部的抽屉, 是否留有便于看得到内部的高度, 避免选择整体高度过高的置物柜。

☐ 衣柜柜门是否有符合需要的空间尺寸? 柜门的开闭有推拉门、单开门、折叠门等多种方式, 在狭窄卧室中, 推荐使用推拉门或折叠门。

☐ 衣柜的金属杆件是否坚固?

Item 07

储物柜

☐ 柜子的进深与高度是否符合空间尺寸?

☐ 隔板的位置调节可以满足多少间隔?

☐ 隔板的承重是否合适? 对于较宽的隔板, 即使在限定重量区间之内, 也要避免重量全部集中在同一处。较重的物品置于底层, 越往上, 放置的物品越轻, 重心集中在低处以保持家具的稳定性。

☐ 整体尺寸较高的置物柜需要确认是否安装了防倒的金属构件。

Item 08

电视柜

☐ 坐在沙发上时, 不用仰视画面, 确定采用较轻松的姿势观看的高度。

☐ 封闭式的电视柜是否设有收纳空间? 柜子抽拉时的进深和高度是否合适? 封闭式电视柜若采用玻璃窗比较适合防尘。

☐ 接收器是否方便连接? 电视柜的背板或是隔板是否设有便于通线的孔洞?

☐ 顶板、隔板的承重是多少?

让生活变得美好、简单, 营造家庭的核心空间

家具布置的
3种基本规则

越来越多的人认为营造住宅应从家具布置开始。家具布置影响生活的便利性, 也影响室内空间的美观性。

陈列的基本"流线设计"

→ 人的移动路线

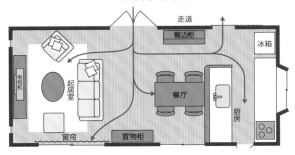

家具布置的基本在于流线设计与设置停留场所。

从厨房到餐厅、从洗衣房到阳台等, 移动随处可在。这种需要有效率规划和处理的设计被称为流线设计。如果家具妨碍了人的流线, 使流线变得冗长、强制迂回或是需要侧身通过的话, 非常不方便。在狭窄的房间内, 可以不设沙发, 结合餐厅的使用方式, 考虑精选所需家具。

家具布置其实也是为了营造合适的停留场所。例如, 沙发一侧设置可以放茶、眼镜、杂志等小桌, 餐桌附近放置便于收纳、拿取的餐边柜等, 为了营造舒适的停留场所, 需要配合在其周边设置相关收纳家具。

考虑人的流线与行为, 从流线设计与停留场所考虑家具布置方式

满足人通行的必要空间

(单位：cm)

较低尺度的家具之间

> 50

两侧都为较低尺度的家具时, 需要保证上半身的轻松活动, 因此, 通道的宽度至少需留出50cm。

较低尺度的家具与墙壁之间

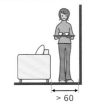

> 60

一侧为墙壁或者是尺度较高的家具时, 通道的宽度最低也需要留出60cm。

正面两人
来回通过

侧身通过　正面通过

> 45　55~60　110~120

确保流线部分有足够的通过空间, 这直接关系到生活的便利性与舒适性。家人经常活动的场所、成人集中的场所、家庭成员较多的大家庭等, 需要放宽通道的尺度。

需要注意窗户周围的活动尺寸

窗户周围也需要留出应有的活动尺寸。尤其是当窗帘质地偏厚或是设置了双层窗帘，至少需要留出20cm的空间。（岩渕宅·群马县）

活动尺寸是指人活动时所需要的尺寸。比如说，拉开抽屉、搬椅子、坐在沙发上伸脚动作、更换床铺用品等，必须考虑这些家具周围以及使用家具时所需的活动尺寸。仅考虑家具本身的尺寸判断是否设置，将使得房间中的通道变窄或是消失，抽屉、门窗难以开闭等，最终整个房间难以满足生活需求。尤其抽屉的进深不同，活动尺寸也随之发生变化。

另外，往往容易忽视的是窗户周围。为了收拉窗帘，需要保证留有必要的空间。窗帘比想象的要重很多，因此，考虑家具的布置时应考虑在内。

家具尺寸与活动尺寸

（单位：cm）

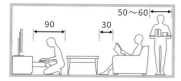

一般而言，需要确保以下空间宽度：拉开抽屉时90cm，沙发与茶几之间30cm，保证通行最少需要50cm等。关于通道，考虑搬拿洗涤后的衣物等之用，至少需要预留90cm的距离。

窗户中央与沙发、照明的轴线相统一

窗户的中轴线也是沙发的中轴线，作为茶几使用的置物柜也以此为中轴线，照明灯具也不例外，整个空间整体和谐。（K宅·群马县）

看上去整齐的家具布置方法

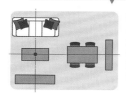

布置多种家具时，以家具的中轴线或者边线作为基准线，整个空间会显得整齐干净。基准线还可以考虑结合窗、墙中心线。

在西欧，具有安定感的布置方式为左右对称

左右对称的布置以西欧室内设计为基础，与非对称式相比较，可以放置更多的物品。（正林宅·东京都）

日式空间中多数非对称式布置比较重视"空隙"

左右非对称式布置在日式空间中非常多见。因物品较少、形式简洁，也会考虑留白，整个空间比较灵活、生动。（吉田宅·京都府）

家具布置合理，房间整体显得干净、舒适。以这种布置作为基础方案的便是左右对称式与非对称式。了解了这两种基本布置的特点后便可以规划家具的位置了。

各种各样的家具随意布置容易产生凌乱的印象，因此设定好轴线，以此为基准布置家具可能使房间显得整齐、有序。

舒适度是从挑选与房间的用途相匹配的家具布置开始的

根据房间
不同

布置家具的
基本方法

根据家具布置的方法不同，生活的舒适度也不同。在这里，主要介绍与各房间匹配的家具陈列的基本方法。

Room 01

起居室、
餐厅

Point 1

确保使用者通过时所需的空间尺度，保证家庭成员总数所需的场所

起居室、餐厅是满足放松、饮食、来访接待等时刻所使用的多目的型空间。这两类空间容纳的家具和生活物品的数量最多，家人的动线也最为复杂。因此，为了确保使用者可以顺畅通行，需要结合生活方式、人员活动流线等，在布置家具时先预留出交通空间。

而且，起居室、餐厅是需要设计满足多人活动的最重要的空间。即使没有大型沙发，依靠组合单人沙发、凳子以及单人座椅等，也可以营造适合多人交流的场所。

沙发与椅子组合满足家人一起围坐的空间

为了满足起居室的放松功能，重要之处在于能够营造出家人围坐在一起的空间。在这间起居室内，夫妇二人选择坐在各自心仪的椅子上，加上沙发，4口之家相聚的场所便由此产生。（高桥宅・东京都）

餐厅

客厅

餐桌椅所需的空间

（单位：cm）

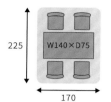

四人餐桌（长方形）

设置四人餐桌椅大概需要如图所示的空间。狭窄的房间内，一条桌边靠墙设置，可以节省面积。带有扶手的椅子会增加空间的宽度，因此，在较狭窄的房间内建议使用无扶手的椅子。

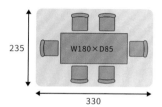

六人餐桌（长方形）

非正式的餐桌椅的短边方向布置扶手椅，作为主人座位使用。若是狭窄房间的话，使用长凳代替椅子也可以节省空间，容纳更多人数。

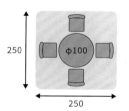

四人餐桌（圆形）

圆形餐桌比起长方形比较占空间，但优点在于可以与邻座的人以自然的方式、姿势交谈。桌脚在圆心的设计可以容纳5人同时入座。

餐桌周围所需的空间

（单位：cm）

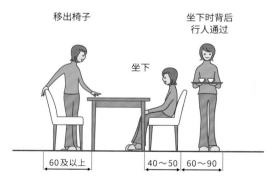

移出椅子 　　坐下 　　坐下时背后行人通过

站立、坐下所需的空间至少有60cm。坐下时为了保证背后行人通过，从桌子起需要留出100cm的距离。如果不预留出最小距离，通行很不方便。

起居室所需的空间

（单位：cm）

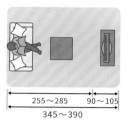

I形

同坐在双人沙发内，人脸属于横向并列，而身体却是彼此接近，表现出舒适的亲密感，适合营造属于独居人士或夫妇两人的私密起居室。

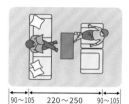

对面形

人脸朝向正面，身体却是相距较远。这种面对面的方式容易让人产生紧张感，适合作为洽谈室空间设计。如果将三人沙发靠墙设置，单人座位使用凳子替代，整个空间将变得比较集约化。

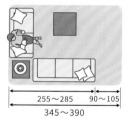

L形

人脸不完全朝向正面，身体可以稍微相互靠近一些，这种布置方式保证了适度的亲密感与独立性。如果能够利用空间一角布置沙发，可以使视线变得更开阔，起居空间具有一定的开放感。虽然近似L形，但交流相对方便一些。

沙发与茶几之间所需的空间

（单位：cm）

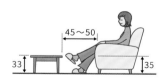

休闲型布置方式

沙发座面高度较低，属于舒适型的休闲布置方式。茶几与沙发之间需要预留伸脚、放脚等活动的空间距离。

正式型布置方式

正式场合使用的沙发座面高度比休闲型沙发略高，与茶几距离也会变得略窄一些。45cm左右的茶几方便使用。

沙发朝向使厨房到起居室的视线通畅，属于视线开放型

沙发的设置满足了主人在厨房做家务时可以时刻观察到在起居室的幼童的需求。而"一"字型的开放式厨房能够让家人或客人轻松参与到料理环节，反映了家庭的生活模式及家人的习惯。(武藤宅·神奈川县)

慎重决定沙发的朝向，控制能见的视野范围

沙发的朝向可以控制希望看到的与不希望看到的位置或物品，所以在一室的开放式DK中，根据自身生活习惯，尝试改变其朝向吧。

家庭中有幼童的情况下，希望从厨房可以看到起居室，那么沙发需要面向厨房设置（视线开放型）。若是来访者数量较多，厨房可能需要背对公共空间（视线回避型）。而折中型属于考虑了沙发与厨房两者的优劣，最终组合而成的设计方案。

沙发朝向使起居室表现出独立感，属于视线回避型

沙发的设置背朝起居室、厨房，虽然是一室，但当坐在沙发上时，能够感觉到空间呈现出具有独立性的安定感。在这里，由于视线的限制，人看不到家务事，也看不到日用杂物。(G宅·埼玉县)

沙发面向中庭设置，呈现开放感

打开面向中庭的法式窗户，房间内外成为一体。从沙发可以直接看到车库内的爱车，视线得以延伸，提升了空间的满足感。
（向井宅·鹿儿岛县）

有意识地延伸视线，呈现敞亮感与开放感

在实际生活中，坐在沙发上看到的范围、视野才是最重要的设计，这一设计影响到人使用房间的感受以及空间的开阔感。因此，需要考虑沙发的设置位置、朝向、从沙发处看到的事物及其范围等。

如果想要让房间显得开阔，可以将沙发放置在空间一角，从而延长视线的长度。视线的前方若设置一些艺术品或展示物等，这些引人注目的事物自然会引导、延伸视线。

在狭窄的房间内，沙发面朝窗户布置，视线会延长到室外，可以令人感受到开放性和舒适性。

注意！

DK视线的延伸方法

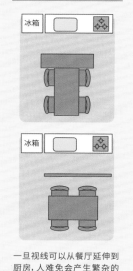

一旦视线可以从餐厅延伸到厨房，人难免会产生繁杂的印象。使用屏风、隔墙等来遮挡一部分视线，面对厨房，餐桌椅坐向与之呈直角排列的话，可以消除直视的感觉。

根据沙发的朝向选择视线的延伸方法

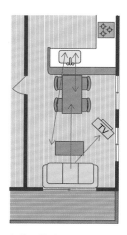

视线开放型

沙发朝向厨房布置的话，人在厨房与餐厅、起居室的人相互对话都比较方便。一边料理，一边观察儿童活动、玩耍的状态，便于照顾儿童。因为从沙发到餐厅、再到厨房都可以一眼望透，对于来访者而言，可能容易产生杂乱的整体印象。

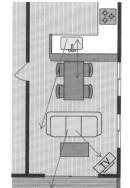

视线分离型

虽然视线可以从厨房延伸到起居室、餐厅，但从沙发却看不见这两个空间。表面看上去属于连续的空间，但起居室与餐厅的视线互不干扰。来访者较多的家庭、露台空间等想要将视线引向室外的话，建议采用这种布置方式。

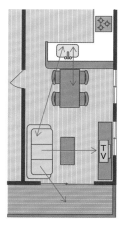

视线折中型

这种形式属于左侧两类的折中型。坐在沙发上面朝前方，难以看到餐厅、厨房的全景。因为沙发靠墙放置，可以有效使用空间，视线也可以延伸至外侧的露台、庭院，令人感到明显的开敞性。

视线集中在一处，增加整体感与亲密感

以电视为中心，沙发环绕在周围，使地毯突出停留空间。家具的配置近似圆形，营造出围坐交谈的亲密感十足的起居室。(M宅·爱知县)

起居室的作用是为了满足家人或友人之间的聚会，因此，营造无过往人流、想要在此停留、想要在此围坐的滞留型空间是起居室的设计要点。

使用沙发围合而成的空间近似圆形，可以营造出较为亲密的空间气氛。在这个空间内，再铺上一张柔软的地毯，更想让人在此停留。

即便不设置围合空间，也不能在坐着的人眼前设计横穿的通道。因此，为了营造稳重舒适的起居室，建议多留意起居室的家具布置方式。

Point 4

稳重的起居室 令人想要停留

NG!

沙发前面设置了通道，令人无法放松

→ 人的移动路线

▷ 视线的延伸

NG

采用这种家具配置方式，每当有人在眼前通过时，都会感到有压力。

坐在沙发上的人，如果在其眼前，并在电视机之间设置了通道，便会影响观看电视的人，令人感到压力无法放松。

高度较低的家具可以划分起居室与通道

背靠通道设置沙发，用置物柜分割空间，不用介意人来人往的压力。通道空间与起居室空间巧妙地被划分成两块。(中村宅·京都府)

视觉焦点为用杂物装饰的置物架

餐厅墙壁使用了浅绿色乳胶漆进行粉刷,心仪的生活用品作为展示品放置在置物柜上陈列,为原本空旷的墙壁增添了趣味性,视线瞬间聚焦于此。(中村宅·福井县)

设计视觉焦点,增添别致、趣味的室内效果

起居室、餐厅视觉焦点是指进入空间的一瞬间视线自然就集中到"房间的展示角",如绘画、陈列品或是漂亮的家具。

创造巧妙的视觉焦点的技巧在于削弱除焦点以外的物品、家具。房间如果被装饰品完全填满的话,无法判断哪里是视觉焦点,令人产生一种散漫无序的空间印象。搭配使用吊灯、地灯、壁灯、射灯等照明,强调展示角、视觉焦点的艺术感,展示别致、趣味的室内一角。

视觉焦点的概念

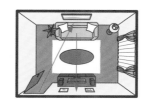

自然汇聚视线,视线集中的对象便是注视点。推开房门时,最引人注目的墙壁或坐在沙发上看到的墙壁便是视觉焦点,因此,设计这些对象,可以提升空间的整体效果。

具有魅力的古风松木家具成为视觉焦点

视线越过餐桌,停留在前方尽头的仿古松木柜。视觉焦点设置在房间最里侧的空间,可以延长视线,让房间看起来更开阔一些。(窪田宅·神奈川县)

绘画作品与书架构成的视觉焦点

绘画作品置于墙面中心,两侧分别设置书架,让这一整面墙壁成为空间的视觉焦点。同时,简化焦点附近的窗户、墙壁等构件,从而更加突出正面作为焦点的墙壁。

并排设置两张单人床，并在两侧设置床头柜及照明灯具

并排设置两张单人床，并在其两侧布置床头柜及照明灯具。同时确保预留出组装床架、床垫的空间。松木床是家具品牌 THE PENNY WISE 的商品。(葛西宅·埼玉县)

Room 02
卧室

床周围所需的空间

(单位:cm)

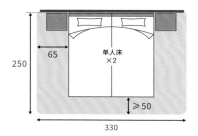

单人床×2

并排设置两张单人床，当其中一张床上的人移动、翻转时，不会影响另一张床上的人，从而保证良好的睡眠质量。如果其中一张床靠墙放置的话，床上用品的布置整理就相对比较困难。

单人床

单人床靠墙布置的话，难以确保床品整理的平整性，所以，考虑到被子的厚度，留出离墙壁10cm的距离比较合适。

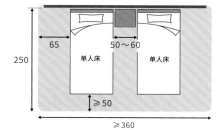

单人床×2

将单人床分开设置，大约需要6叠(每一叠：90cm×180cm)空间。若还要加上床头柜或是化妆台的话，空间应有8叠以上面积。

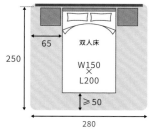

双人床

4.5叠(每一叠：90cm×180cm)以上的空间内，可以放置双人床，适合较狭小的寝室。根据门的位置不同，开门时也可能会碰到床。

Point
1

确保留出必要的空间

当开关门、放置床品或者移动物品时

卧室不仅仅要满足就寝的需要，还需要留出更衣、化妆、收纳床品等的空间。

卧室内的通道宽度保证通行的最小尺寸需求，在床头侧面安置床头柜，保证存放眼镜、台灯、手表等小物件的空间。还需留意床与柜子之间需要留出50～90cm便于操作的空间。

(单位:cm)

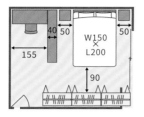

10叠的卧室①

作为分割空间的家具,应考虑房间的通风与采光,如果卧室中有书房,那么还需考虑使用书房时避免影响正在休息的人。

8叠的卧室①

若设置一张双人床,还可以放置桌子、化妆的空间。除此之外,置物柜、电视机等物品也可以放置在卧室内。

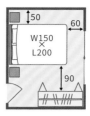

6叠的卧室①

若设置一张双人床,需要保证床周围三面都能留出便于通行的宽度,也便于整理床铺。

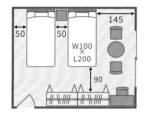

10叠的卧室②

如果房间面积为10叠,即使单人床分开设置,可以确保夫妇私人领域,同时可以设置座椅与小桌。

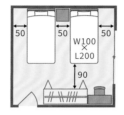

8叠的卧室②

基础布置为分开设置两张单人床。衣柜的侧面可以设置桌子或梳妆台,但需要考虑照明方式。

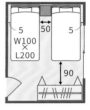

6叠的卧室②

在沿窄边的墙处安排两张单人床,床与墙壁仅能留出5cm的空隙。

讲究色彩的艺术海报成为了空间的视觉焦点

这间让人舒适、安心的卧室中设置了色彩统一的床头墙,并在上方悬挂了艺术海报作为视觉焦点。(A宅·兵库县)

Point 2

用家具布置床头墙

在欧美地区,基本布置是将床头直接依靠墙壁,远离靠窗位置,以免寒气、暑气入体。同时,人在心理上也会比较放心。另外,床头墙可以作为视觉焦点,通常会布置些绘画、布艺作品等。

卧室的舒适度关系到整个卧室的舒适度。不仅仅保证睡眠,还可以布置一些满足读书、音乐等活动用的椅子、小茶几等,使用丰富的室内设计方法营造舒适、快乐的生活方式。

93

降低收纳家具的高度, 采用开放式
设计, 便于儿童自行收拾、整理物品

设置两处门, 将来便于划分为2间儿童
房。当儿童较小时, 作为开阔的玩乐空
间比较合适。为了让儿童能够自己收
拾玩具、杂物, 所以设计了较矮小的开
放式置物架。(宫崎宅、岸冈宅·埼玉
县)

Room 03

儿童房

家具与家具之间有必要的距离与空间 (单位: cm)

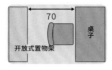

桌子与置物架的间隔为70cm左右, 面朝桌
子, 必要的时候转身可以直接拿到书籍。

桌子与床之间的距离为110cm的话, 即便一
人坐着, 也能保证后方留有一人通行的距离。
若设置为70cm, 后方人便无法满足通行。

置物柜需要满足抽拉抽屉以及人弯腰整理物
品的空间, 因此预留出75cm左右较为合适。
距离较短的话, 影响抽屉抽拉的长度。

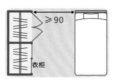

柜门为90cm宽的双开门式
式的衣柜与床之间的间隔
宜设为90cm。折叠门、移
动门的情况下, 其间隔可
以设为50~60cm宽。

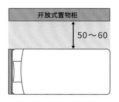

床与开放式置物柜之间宜
预留50~60cm。为了防止
地震时进深较浅、高度偏高
的家具倾倒, 建议将其固定
安装在墙壁上。

儿童房的设计案例 (单位: cm, 每一叠: 90cm×180cm)

6叠的儿童房

椅子背靠床设置, 能够营造较为集中的学习
环境。考虑到光线问题, 可以将桌子设置在窗
户附近。

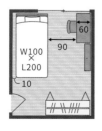

4.5叠的儿童房

保证儿童房内可以容纳床、桌
子以及收纳的空间。桌子与收
纳空间可以组合在一起, 可以
利用床下方的空间进行收纳。
确保了收纳空间, 儿童房的最
小面积3叠也没问题。

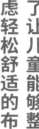

Point 1

为了让儿童能够整理自己的房间,
考虑轻松舒适的布置方式

儿童房内的家具伴随儿
童的成长将发生各种变化。幼
儿期时, 主要用于收纳衣服、
玩具, 到了少儿期时, 主要是收
纳书架、桌子、衣服以及各类
体育用品等。如果这些收纳家
具可以配合不同的成长期, 通
过改变陈列方式或是局部改造
便能满足各阶段的需求, 那便
是最理想的状态了。

儿童房也是训练场, 是从
小训练儿童能够自行穿衣、自
行收拾整理物品的场所。因
此, 对儿童而言, 应考虑选择
便于他们使用、收纳整理的家
具。在面积有限的儿童房内,
家具尺度即便仅增加了几毫
米也可能会导致门难以开闭。
因此, 必须准确测量房间、家
具的尺寸, 预留出舒适的操作
尺寸。

Item 04

合成皮革

维护方法

使用软布干擦即可。对于食物或是手汗等，使用稀释后的中性洗洁剂浸湿抹布拧干后进行擦拭，再用热水打湿抹布，去除残留的洗洁剂，最后使用干抹布吸掉水分。

材料

以聚氨酯树脂为主要原料的合成皮革拥有与天然皮革相似的柔软质感，也存在使用盐化乙烯基制成的皮革，但无论哪一种，通气性都较低。

Item 05

铁艺、珐琅

维护方法

日常情况下使用干擦的方式维护。若是出现了锈，使用金属研磨剂可以去除，但也会因此影响表面原本的涂装。

材料

铁艺家具的表面加工具有多种方式，但表面一旦受损后，铁锈便从此处开始生长。通常，珐琅具有防锈的作用。表面施用了耐酸处理的铝制家具轻质且耐用。

Item 06

藤质家具、纸艺

维护方法

小颗粒的灰尘、杂物可以采用吸尘器清洁，若遇到污渍，可以先用湿布清洁，再用干布吸除水分。

材料

藤属于棕榈科植物，纸属于环保性材料。这两种材料不仅具有坚固性的特点，也具有较好的弹力，常常用在椅子设计。

Item 07

床垫

维护方法

建议使用床套且经常清洁、洗涤，床垫上的灰尘定期使用吸尘器清洁。

材料

床垫部分采用数量众多、直径较小的弹簧构成，数量越多越能分散体重，能够确保正确的睡眠姿势，且不容易造成床垫塌陷。

金属部位生锈后的维护方法

倘若出现了锈，可以蘸上金属研磨剂擦拭，铁艺家具多用镀金处理，所以一旦表面受损，将容易生锈。珐琅若是遇到强烈的撞击，表层涂装便会脱落，也会生锈。

● 前　　　● 后

根据自身喜好，使用研磨剂擦拭打磨
使用软布适当蘸取研磨剂，适当地擦拭需要清洁的部分，可以一边擦拭一边确认光泽度。达到理想状态时，再用干布去除残留的水分及研磨剂。

准备物品

金属研磨剂

金属研磨剂"Pikaru" ¥420/DANIEL。使用研磨剂时，为了保护涂装，除了金属部分外，建议采用遮蔽措施防护。

Item 08

蝶铰、把手

维护方法

日常生活中，采用软布干擦即可。若遇到污渍，用湿布擦拭后，需要再用干布吸除水分。蝶铰需要每半年一次在活动部位使用润滑油维护。

材料

蝶铰的主要材料是钢和铁。若是铁质品，为了防止生锈、变色，表面采用一定的涂装处理。而把手的材料除了金属以外，还有木、陶制品等。

严格挑选了满足一生使用的家具店铺

人气家具店铺的
推荐商品目录

人气家具店内陈列着兼具设计感与功能性的人气家具。

不单展现家具商品的美观,店内的陈列也重视展现各类商品自身的特点。这些特点通过精心设计后呈现出不同的组合方式,满足不同场合空间的设计。

法国铁质家具品牌TOLIX公司的产品。(古典置物柜:W41cm×D34cm×H105cm,¥49350)

白橡木以使用了以威士忌酒樽的原材料而著名。(餐桌:W160cm×D85cm×H73.6cm,¥126000)

填充了足量羽绒的靠垫与沙发。(沙发:W144cm×D110cm×H75cm(SH48),¥44.1万)

THE CONRAN SHOP
SHIJUKU 新宿本店
东京都新宿区西新宿3-7-1
新宿 Park Tower 3F-4FF
☎ 03-5322-6600
🕐 10:30～19:00
(周五、周六、周日～19:30)
🈺 周三(法定假日营业)
※ 丸之内、名古屋、大阪、福冈等地设有分店。
www.conran.co.jp

Shop 01
THE CONRAN
SHOP SHIJUKU
新宿本店

陈列着世界范围内出类拔萃的商品

本店不仅收集世界范围内出类拔萃的商品,而且也设计原创家具产品,无论是哪一件商品,都拥有良好的功能和美观的设计。除了家具以外,沙发布艺、桌面、窗帘等与创造美好生活相关的物品也属于本店经营范围。

使用了轻质铝合金材料,具有较长的耐久性。(1006海军椅:W41cm×D50cm×H86cm(SH46cm),¥6.93万)

CONRAN原创设计产品。(置物架:W100cm×D40cm×H160cm,¥94500)

※尺寸表示:W=宽度、D=深度、L=长度、φ=直径、H=高度、SH=坐高。

在2000m²广阔的空间内，布置了德国系统厨房POGGENPOHL、原创品牌SLOW HOUSE等品牌家具，还设有舒适的咖啡厅。

拥有世界顶级品牌的商品以及与日本生活相符合的家具

意大利PORADA和丹麦EILERSEN等公司都是世界知名的顶级家具品牌，这些品牌的组合，形成了富有独创性的室内空间陈列方式。本店家具主要属于自然简约风，此风格易于与房间整体气氛相互协调，并且设计符合日本生活方式的尺寸与习惯。此外，儿童家具商品也有多种选择。

面向1LDK开发的集约型尺寸。(沙发:W200cm×D86/152cm×H78cm(SH40cm)，¥12.8万)

可以靠墙安放，也可以作为凳子以外的功能使用，主要材料为橡木。(游牧风坐凳:W115cm×D39cm×H40cm，¥3.2万)

既节省空间又便于对话的餐桌，形状也富有个性，主要材料为橡木。(餐桌:W160cm×D92.3cm×H70cm，¥21.9万)

胡桃木贴面板K1B与白色K1A组合而成的茶几。(K1A:W79cm×D74cm×H25cm，¥10万；K1B:W86cm×D80cm×H30cm，¥10万)

(FB置物柜:W90cm×D45cm×H69.6cm，¥12.2万；FB桌板:W94cm×D45cm×H72.6cm，¥45150)

ACTUS新宿店
东京都新宿区新宿2-19-1
BYGS楼1F~2F
☎ 03-3350-6011
🕐 11:00~20:00
休 不定休
※ 大阪、神户、福冈等地设有直营店。
www.actus-interior.com

建议放置在儿童房。(组合式书桌床:W210cm×D110.5cm×H193cm，¥34.2万)

令人感受到此刻的简约现代风家具搭配了美观的布艺、照明、设计商品以及室内绿植，组成了舒适的室内空间。

家具都是高品质的原创设计

本店的家具是由海外设计师与日本住宅设计师共同设计的，不仅展现出独特的简约风，而且强调细节处理，属于具有高品质感的设计。这种功能合理的原创设计品牌广泛受到各界好评。

北欧家具具有朴素的质感，这款设计体现了现代感与古典感，主要材料为白蜡树。（桌子：W120cm×D70cm×H72cm，¥13.65万）

出生于巴黎的 SERGE MOUILLE 设计的落地灯。（落地灯：W45cm×D47cm×H170cm，¥71400）

椅子座面符合人体工学，坐感舒适。（单人椅：W40cm×D54cm×H78.5cm（SH45cm），¥26250）

沙发座面设计了较大的角度，便于支撑整个身体。（单人沙发：W67cm×D78.5cm×H71.5cm(SH38cm)，¥121800）

柜子尺寸可以收纳图书、照片集、光碟等，主要材料为白蜡木。（置物柜：W80cm×D35cm×H180cm，¥136500）

IDEE 自由丘店
东京都目黑区自由丘2-16-29
☎03-5701-7555
🕐11:30～20:00
（周六、周日、法定假日11:00~）
🈚无
※二子玉川、东京中城、RUMINE有乐町等东京都内共有7家店铺。
www.idee.co.jp

设计风格虽然偏向现代，但也表现出了一些古风家具的痕迹，主要材料为栎木。（餐桌：W140cm×D80cm×H72cm，¥99750）

102

设计采用铁艺骨架,扶手为栎木实木材。(双人沙发:W125cm×D71cm×H72cm(SH40cm),¥168630)

餐桌将木材的木节、开裂部分等瑕疵保留。(橡木餐桌:W180cm×D85cm×H71cm,¥257250)

注重家具的材料与质感,使之越使用越有品位

自 1997 年创业以来,由于注重原创家具的材料及其质感,该品牌得到消费者的广泛喜爱。

家具选择木材、皮革、铁艺等材料,简约风的设计通过使用的时间变化,增加其质感,与使用者的生活融为一体。另外,在店铺隔壁,开设有一家名为 BIRD 的咖啡店,内部陈设使用了 TRUCK 品牌家具,客人可在此放松心情。

将胡桃木作为主要材料,灯罩采用了棉布。(落地灯:Φ29cm×H145cm,¥75600)

铁质的置物架中陈列着若干用于收纳的木盒。(置物架:W93cm×D36.5cm×H97cm,¥110250,不包含木盒)

栎木材的座面搭配铁质骨架。(坐凳:W175cm×D32cm×H43cm,¥82950)

店内除了家具、照明之外,还经营服装、包类、文具用品等商品,原创书刊 *TRUCK NEST* 也受到各界好评。

TRUCK
大阪府大阪市旭区新森6-8-48
☎06-6958-7055
🕐11:00～19:00
🈺周二,每月第一周、第三周的周三
www.truck-furniture.co.jp

骨架全部采用胡桃木，结构坚固。(沙发：W208cm×D78cm×H78cm (SH40cm)，¥432600)

牛皮革与樱桃木制成的座椅。(椅子：W49cm×D49cm×H83cm (SH43.5cm)，¥96075)

KITANOSUMAISEKEISYA
本社 (总店) 东川陈列厅
北海道上川郡东川町东7号北7线
☎ 0166-82-4556
🕐 10:00～18:00
休 周三
※ 札幌、东京设有分店。
www.kitanosumaisekkeisha.com

可延伸的三段式枫木餐桌。(餐桌：W (130~210) cm×D85cm×H72cm，¥241500)

自然实木制成的家具可以永久流传

选择樱桃木、胡桃木、枫木等实木材，采用榫卯的加工方式，每一件家具都由工匠亲手制作，工艺精湛。家具表面使用亚麻油、蜜蜡等打磨后，可以保证长久耐用，形式简约、设计经典。

威尔逊系列的铁艺双人床：W146cm×L206cm×H98cm，¥220500

殖民风纹样的布灯罩展现出田园风格的照明气氛。(台灯：φ25cm×H46.5cm，¥23500)

英国制的坚固椅子。(劳埃德扶手椅No.60：W66cm×D64.5cm×H81.3cm (SH43cm)，¥39900)

THE PENNY WISE
白金陈列厅
东京都港区白金台5-3-6
☎ 03-3443-4311
🕐 11:00～19:30
休 周二 (法定假日营业)
www.pennywise.co.jp

设有抽屉的松木长餐桌。(PWT-1M：W150cm×D85cm×H74cm，¥126000)

本店人气商品是继承了英国传统的松木家具

本店商品使用了松木材料制成的家具，呈现出自然、田园的风格。商品系列中，代表英式正统的威尔逊系列融合了日本生活的习惯与尺度，品种丰富且广泛好评。另外，还设有殖民风纹样的布艺专门店。

由 Le Corbusier、Pierre Jeanneret、Charlotte Perriand 共同参与设计的躺椅。(Chaise Longue chair LC4 (黑色皮革):W60.5cm×D160cm,¥567000)

由 Mario Bellnie 设计的皮革制马鞍扶手椅。(Cab Arm Chair:W62cm×D52cm×H81.5cm (SH44.5cm),¥252000)

寻找设计巨匠们的现代名作家具

本店家具以意大利现代设计为主,汇集了世界著名设计师、室内设计师的原创作品。而且,店铺正式得到相关著作权许可,还经营近代建筑巨匠们设计的家具、照明等复制版作品。

Cassina ixc.
青山本店
东京都港区南青山2-12-14
YUNIMATTO 青山 BIRU 1～3F
☎03-5474-9001
🕐11:00～19:30
🚫无固定休息日
※大阪、福冈设有分店。
www.cassina-ixc.com

带有日本审美趣味的地灯。(H500型号:¥147000;H700型号:¥168000)

靠背可调整高低的沙发。(MARALUNGA黑色皮革制:W162cm×D89.5cm×H(73~103)cm (SH46.5cm),¥1302000)

商品由日本工匠根据定制要求进行制作。店内陈列着众多高品质的家具,演绎出静谧的气氛。

LEO Arm Chair (布艺)。(W53.4cm×D55.8cm×H74.1cm (SH43.5cm),¥75600)

适合日本居住生活的精品现代风家具

本店经营由日本人特有的审美意识,如紧张感、协调感、纤细感设计出来的原创家具。这些家具采用自然的材料、简洁的现代设计。2012年5月,在东京的南青山开设了以收纳为主题的HOUSE STORAGE TIME&STYLE专业陈列厅。

TIME&STYLE
MIDTOWN
东京都港区赤坂9-7-4
东京中城GARERIA3F
☎03-5413-3501
🕐11:00～21:00
🚫元旦
※自由丘、新宿伊势丹、福冈设有店铺。
www.timeandstyle.com/

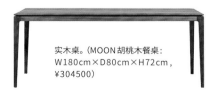

实木桌。(MOON 胡桃木餐桌:W180cm×D80cm×H72cm,¥304500)

强调能够舒适支撑背部重量的沙发。(SKY布面沙发:W205cm×D81.5cm×H73.5cm (SH39.7cm),¥42万)

小型的圆筒形扶手单人沙发。
(W81cm×D81cm×H80cm
(SH42cm),¥131250)

圆滑的椭圆形榉木桌。
(W100cm×D60cm×H40cm,¥115500)

与沙发拥有相同舒适坐感的
椅子,白色绲边充满时尚感。
(W45cm×D57cm×H85cm
(SH45cm),¥44625)

STANLEY'S目黑店
东京都目黑区目黑4-10-6
☎03-3760-7167
🕙11:00～19:30
(周日12:00～)
休周四 (法定假日营业)
www.stanleys.co.jp/

适合放置在较集约的空间内,虽然扶手略小,
但不影响舒适的坐感。
(W130cm×D72cm×H72cm
(SH42cm),¥152250)

若是选择沙发,本店拥有安心满意的工匠技术

本店属于专门制作沙发、桌椅的店,工匠根据每一座沙发或是椅子等的定制要求,亲自制作、加工商品,也承接其他公司产品的改造。本店的卖点主要讲究沙发坐感舒适,尺寸、座面材料可根据顾客需要选择。除此之外,桌子的定制也采用原创设计,选用木材作为主要材料。

圆形的抽屉把手、柜脚是本件作品的设计亮点。(置物柜:
W93cm×D50cm×H95cm,
¥21万)

实木桌面能够对抗材料的膨胀与收缩。(餐桌:W130cm×
D80cm×H72cm,¥157500)

SERVE
东京都小金井市关野町1-7-21F
☎042-380-8320
🕙11:00～18:00
休周二 (法定假日营业)
※神奈川、汤河原等地设有住宅型店铺。
www.serve.co.jp/

三人沙发和躺椅。(W272cm×D160cm×
H76cm (SH40cm),¥67.2万)

展现枫木材的简约的自然风家具

本店主要为专门加工枫木材的店,讲究材料、制作工艺、形式及使用功能。精致的枫木木纹适合简约风这种设计。店内商品为原创设计,使用北海道产的板屋枫,通过工匠纯熟的技术,在日本得到广泛推广。

著名设计师汉斯·瓦格纳的名作——"Y形椅"。(W55cm×D51cm×H68cm (SH43cm)),¥82950)

北欧现代设计巨匠阿尔瓦·阿尔托的名作。(ARTEK E60:φ41cm×H44cm,¥29400)

Shop 11

ILLUMS NIHONBASHI

本店汇聚了北欧现代风格的上流品牌商品

　　本店以丹麦家居品牌商店 ILLUMS BOLIGHUS 为基础,表现了北欧现代风格的生活模式。除了代表商品 ARTEK 与 FRITZ HANSEN 等家具之外,还经营着众多北欧的生活品牌。

ILLUMS 日本桥
东京都中央区日本桥室町
2-4-3 YUITO 2F
☎ 03-3548-8881
🕙 11:00～20:00
㊡ 无固定休息日
※ 二子玉川、横滨、东户塚、名古屋、大阪、梅田等全国范围内共设有 11 家店铺。
www.illums.co.jp

世界范围内受到 30 年以上好评的儿童椅。(W46cm×D49cm×H78cm,¥27930)

安恩·雅各布森的作品。(FRITZ HANSEN ANT CHAIR美国花旗松W51cm×D48cm×H78cm (SH44cm),¥55650)

设计亮点在于桌腿。(胡桃木餐桌:W180cm×D90cm×H72cm,¥23.1万)

简约风餐桌。(黑樱桃木餐桌:W150cm×D75cm×H72cm,¥166950)

Shop 12

CHARDONNAY

拥有安心且越用越喜爱的天然材料的原创家具

　　本店是原创自然风家具专门店,选择松木、胡桃木等天然木材并使用天然油加工维护。经营商品种类繁多,其经营理念为让儿童也能安全、放心使用,随时间的推移逐渐展现质感的家具。

CHARDONNAY
岐阜本店 (总店)
岐阜县岐阜市菅生8-2-10
☎ 058-294-3445
🕙 10:00～18:00
㊡ 周二 (法定假日营业)
※ 全国范围内共设有24家店铺。
www.chardonnay.co.jp

高靠背的设计使沙发的坐感更为舒适。(三人沙发:W200cm×D100cm×H84cm,¥333900)

小池孝嗣作品——电视柜。(胡桃木电视柜：W160cm×D45cm×H36.8cm,¥178500)

胡桃木餐桌。(W160cm×D85cm×H73cm,¥141750)

简单与时尚共存的绝妙家具

本店的设计理念为制作造型简洁，充分展现材料的本身美感，随时间的流逝，让家具逐渐渗透至生活每一处。商品由日本国内签约工厂的工匠手工制作，时尚的原创设计之外，北欧家具、室内绿植以及照明等商品应有尽有。

KARF
东京都目黑区目黑3-10-11
☎ 03-5721-3931
🕐 11:00～19:00
休 周三(法定假日营业)
www.karf.co.jp

桌面采用钢化玻璃的茶几。(W80cm×D80cm×H42.5cm,¥68250)

染色的同时延续了皮革原本的质感。(皮革沙发:W200cm×D88cm×H76cm(SH41),¥346500)

与传统室内家居风格相协调的英国古风橡木嵌套式桌子。

数量众多且修复完毕的古风、古董家具陈列、展示在面积超过1300m²的店内。

本店拥有专属工匠，巧妙修复古风、古董家具不在话下

工匠在本店专业工房内，使用原本的天然涂料，修复并维护在英国购买的古风、古董家具。除此以外，本店还经营古风照明灯具、沙发等原创家具。

GEOGRAPHICA
东京都目黑区中町1-25-20
☎ 03-5773-1145
🕐 11:00～20:00
休 无(年初年终除外)
www.geographica.jp

原创家具之一的英国传统式皮革沙发。(W160cm×D91cm×H74cm,¥425250)

※尺寸表示：W=宽度、D=深度、L=长度、φ=直径、H=高度、SH=坐高。

Part 5

选择窗帘的
基本课程

在室内设计中,还有一个重要的因素为窗帘,窗帘的主要目的是装饰窗户及其周边,但它在所占面积较大的情况下将影响整个室内空间的风格,因此窗帘的作用不容小觑。

本章主要讲解窗帘的种类及其特征、选择方法以及设计技巧等。

美好生活从窗户周围的展示开始

窗帘设计的
基础知识

在装修布置新家时,因为大家常常会为在窗户上挂什么比较好烦恼,所以,让我们先了解一下窗户周围的物件种类及其特征吧!

Theme 1

与窗户相关的窗帘种类

按开闭方向区分窗帘的种类及其特征

种类			特征
左右开闭型 窗帘	纵向百叶帘	壁板式窗帘	● 适用于正面较宽的推拉式窗户,但不适用于小窗和纵长型窗户。 ● 为了开闭方便,适用于排放窗和露台窗。 ● 也可以在隔断处使用。
上下开闭型 **折叠式** 横向百叶帘	罗马帘	风琴帘	● 折叠式或卷帘式窗帘将帘子收拉至窗户上方,由此可以清晰展现出窗户的全貌。 ● 适用于尺寸较小的窗户和长方形的窗户。 ● 不适用于开闭频繁的排放窗等。
卷帘式	卷帘	竹帘	● 卷帘式窗帘适用于隔断和储物收纳空间之类的地方,有助于遮挡视线。
固定 咖啡厅式窗帘	混合式风格	挂毯	● 遮挡外部视线的效果。 ● 展示室内空间的装饰效果。 ● 挂毯也适用于在隔断处。

结合窗户的形状和用途,选择最合适的设计

窗帘设计涉及的是选用窗帘,还是选用百叶帘,这需要综合考虑装饰窗户的设计工作。说到室内装饰,人们最先想到的可能会是家具,但在室内占有较大面积的窗户也是影响室内效果的重要部位。

窗帘设计按开闭方式可分为左右开闭型、上下开闭型和固定型三个类型,且三者间存在较大区别。因此在选择时,需要先考虑窗户的使用方式。

如果是排放窗、露台窗等开闭频率较高的窗户,选用左右开闭型窗帘或是纵向百叶帘比较方便;如果为了满足遮挡外部视线的小窗子,那么咖啡厅式窗帘则更为合适。然而,若是长方形的窄窗,比起向两侧收拉的窗帘,选用单开式窗帘或卷帘更能体现空间尺度与平衡感。

除此之外,为了选到最合适的窗帘种类,窗户规格的长宽比亦不容忽视。

110

设计富有正统风格的美国酒店室内装饰

外挂式窗帘盒富有品质与格调感,搭配垂感布帘、蕾丝窗帘以及品位感十足的细绳流苏。(N宅·东京都)

主要的面料种类

布帘

布帘是使用粗线纺织而成的厚实面料,其保温、隔音、遮光性能较好,并富有一定的高级感。有单色和花纹等可供选择。

轻薄面料

轻薄面料因其轻薄透光、质感轻盈而受到广泛欢迎。其中,具有代表性的面料为用织机织成的蕾丝和使用细线织成平纹的薄纱,也有在薄纱上施加刺绣。蕾丝和薄纱的面料宽度大多为100cm,也有300cm的规格。

印花面料

在较平滑的面料上进行印刷,制成印花的面料。印花种类存在大胆抽象的花纹、乡村田园风格的小碎花等,种类、色彩丰富。印花不仅可以用在垂感面料上,也可以用在薄纱等轻薄型面料上。

面料根据其材料及厚薄程度可分为厚实的布帘,轻薄、能适度透光的蕾丝、薄纱帘,还有用比蕾丝更粗的线织成的开司米等。

现在,应用于窗帘的面料主要有聚酯纤维。这种纤维具有抗皱、不易缩水的特性。然而,如棉麻类虽然易于引发皱褶且易收缩,但其自然的风格却是这种面料的魅力所在。

Theme 2

面料的种类

面料根据其材料及厚薄程度进行分类

面料的主要性能和特点

耐洗型	便于在家中洗涤的面料。洗后不易伸缩变形、不易掉色。适用于起居室等家人聚集的房间以及有儿童、宠物的家庭。
遮光型	具有遮挡外部光线,纬线里织入了黑线,面料内又加入了树脂层合成的面料。适合没有防雨门的卧室和起居室。这种面料根据遮光效果的高低设有不同的等级。
镜面型	白天从室外难以看到室内,从室内看室外具有半镜面的效果。可以提高制冷效果,也可以保证家具不受日光直射,避免褪色。
防紫外线型	这种面料可以降低紫外线的透光率。可以防止因日照造成的地毯、家具的褪色,白天从室外也难以直视室内。
防灾型	考虑到防灾功能,采用耐燃型的线加工而成的具有耐火性能的面料。防灾面料不等于不可燃烧,主要指发生火灾时有助于延缓、阻止燃烧范围的扩大。
防晒型	即便每日接受强烈的日照,布料的颜色仍然可以持久保持。蕾丝面料中也具有这种特征的商品。
除臭抗菌型	这种面料可以抑制垃圾、宠物、烟等日常生活中产生的不适气味。同时也可以抑制附着在表面的细菌繁殖。

不同面料具有不同的功能。选择窗帘的面料时,需要综合考虑房间用途、窗户方位、周围环境等因素。

例如,面料具有耐洗性能的话,便可以在家中洗涤、清洁;在公寓或者没有安装防雨门的独栋住宅内,可以利用窗帘保障隐私;具有遮光性的面料可以阻挡夜间透进室内的光线,白天可以阻挡外界他人的视线,效果较好的是净面布料。具体信息可参考面料样品手册,手册内用符号标记出了相关功能。

Theme 3

不同功能的面料

对应所需功能选择遮光、防紫外线等面料

111

设计时尚又好用的窗帘

项目类别

窗帘的
选择方法

窗户相关的物品与室内家居之间的协调搭配是非常重要的设计要点，同时，也需考虑调节光线的明暗及保护家庭隐私等功能要求。

与墙壁融为一体的淡色窗帘使得房间更为宽敞

较薄布料制成百褶式窗帘，搭配铁制轨道效果良好。（中岛宅·福冈县）

鸠眼式窗帘营造休闲轻松的氛围

鸠眼与窗帘轨道起着收拉窗边的作用。鸠眼式窗帘相对来说比较省布料，具有良好的经济性。（法国）

Item 01

窗帘

决定窗帘挂钩方式时，除了需要与室内家居相协调之外，还需要考虑面料的花纹及其营造的氛围。风琴窗帘易于与各类风格的室内设计相协调，也无须考虑面料的厚度及花纹。褶皱窗帘一般选择两褶式居多，如果选择三褶式便可以欣赏到层次多样、丰富美观的窗帘悬垂样式。为了展示出美丽的悬垂效果，挑选柔顺的面料质地是关键。

风琴窗帘如果选择薄款面料可以给人产生温柔的印象。

垂片式或是平直窗帘便于与轻松休闲的家居气氛相协调。因为平直式窗帘外观不厚重，因此在狭窄的房间内使用也不易产生压迫感，其花纹也能发挥装饰作用。在某种程度上，也适用于具有伸缩性的面料。

Point
1

选择面料与室内相协调的窗帘样式

窗帘的挂钩方式

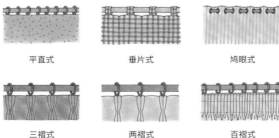

平直式　　　　垂片式　　　　鸠眼式

三褶式　　　　两褶式　　　　百褶式

使用纤细面料创造美好生活

将各种各样的白色调家居物品组合,赋予整个起居室微妙的差别。照射进来的日光加上轻薄的亚麻质感、窗帘皱边的阴影让房间更有魅力。(冈本宅·爱知县)

可爱的拼布窗帘

这款与亚麻茶巾缝合在一起的平直式窗帘可以欣赏到纯色与方格花纹相组合的效果。尝试手工拼布窗帘亦是一个好设计。(英国)

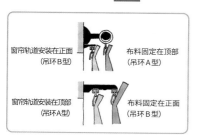

窗帘的最终宽度

(窗帘轨道的长度×1.03~1.05)

窗户外窗框的尺寸

收纳窗帘的空间 10~15cm

收纳窗帘的空间 10~15cm

窗帘轨道

排放窗的窗帘长度 1~2cm

侧窗的窗帘长度 15~20cm

窗帘滑轨

15~20cm

1~2cm

地板

窗帘轨道安装在正面 (吊环B型)

布料固定在顶部 (吊环A型)

窗帘轨道安装在顶部 (吊环A型)

布料固定在正面 (吊环B型)

窗帘总长的计算方法

窗帘轨道需在窗户宽度的基础上左右各增加10~15cm的长度,保证打开窗帘的时候不至于遮挡到窗户。而窗帘的最终宽度需考虑其轨道长度,建议在其基础上增加3%~5%较好。

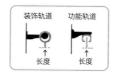

装饰轨道　　功能轨道

长度　　　　长度

吊环的种类

A型　B型　调节型

根据轨道的展现方式不同,吊环的设计也有所不同。可见式窗帘轨道安装在顶部(A型),隐藏式轨道采用正面安装(B型)。

窗帘轨道长度与窗帘的最终长度之间需留有余地。考虑到窗帘需要留出面料的折叠尺寸,因此窗帘轨道的长度需要在窗户宽度的基础上左右再各增加10~15cm。如此,当我们拉开窗帘之时,多余的部分就不会遮住窗户,窗户面积就能够得到有效利用。对于双开式窗帘的最终宽度,建议预留出比窗帘轨道多3%~5%的长度,如此收合窗帘之时,就不存在中间留有接缝的问题了。另外,给中间滑轨处加上磁铁之后,能够将窗帘闭合得严严实实。

横向百叶窗

通过调节叶片角度控制光线和视线

横向百叶窗由多个水平的叶片构成，可以自由调节倾斜角度，由此不仅可以达到遮挡户外直射阳光的作用，同时又可以控制室内的光照度。而其另一个作用是遮挡外部视线，又可保证一定的通风效果。夏季时，百叶窗能够遮挡炎热的阳光，冬季时，能够防止室内热空气的流失，确保空调房中的供暖效率，起到了节能的作用。

横向百叶窗以铝制为主，但根据用途不同，也可选择其他多种材质。为了追求自然风的室内装饰效果，建议选用木质百叶窗，虽然价格比铝制百叶窗高，但木材的温度感却是独具魅力的因素。

节能用途

夏

遮挡室外直射光线，提高室内制冷效果

冬

防止热空气流失，提高室内供暖效果

调节光线、通风作用

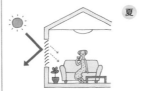

夏

夏季遮挡室外直射强光的同时，又能保证通风作用，降低室温

冬

冬季保证采光，营造明亮又温暖的室内环境

夜

夜间可以防止室内光照度的流失

为了与白色墙壁相协调，安装了白色百叶帘，打造出更为宽敞的空间效果

这个空间以白色为基础色调，提升了空间内木制家具的魅力。百叶帘安装在窗框内，使室内空间在视觉上变得更为宽敞了。（村上宅·神奈川县）

复古式的百叶窗适合宽叶片

为了体现横向百叶窗的叶片存在感，可选择使用较宽的叶片。（糟谷宅·爱知县）

百叶窗与蕾丝面料相配，既能遮挡阳光，又能遮挡视线

在褶皱面料与蕾丝面料双重窗帘的外侧设置了百叶帘，满足调节光线和视线的需要。（上野宅·熊本县）

钢筋混凝土结构的现代空间被赋予了更多时尚感

南面三楼大窗洞的卧室使用了纵向百叶窗，光线可以自由调节。搭配了倾斜式的天花板，协调并富有美感。(山口宅·东京都)

纵向百叶窗

阳光从百叶窗的叶片间洒下时也很富有美感

直通天花板的大型窗户使用柔和的间接照明

阳光照进这间二层通高的客厅，叶片的纵向线条给人留下了深刻的印象。(小栗宅·神奈川县)

　　纵向百叶窗也被称为垂直式百叶窗，多数由细长形叶片悬挂于窗帘轨道上，通过转动叶片的角度，可以自由调节阳光和外部视线。

　　纵向百叶窗以往常用在办公室和商业场所内，因叶片能营造出柔和的气氛，之后在住宅设计中广泛应用。使用垂直式叶片可以演绎出干净利落的现代风格。高度大于宽度的窗户更适合这种纵向百叶帘。这种百叶帘较适合规格和高度都比较大的窗户。

风琴帘

混搭式风格的帘身

现代风格的家具搭配复古式的小物件。墙壁和窗帘为同色系，一同营造出了简单朴素的空间感觉。(高仓宅·东京都)

打造出纤细感的褶皱，以精致感的阴影为特征

细碎的阳光和褶皱打造出阴影感

胡桃色的木制品与象牙色的墙体相协调，显得格外漂亮，日光从两面大窗洞处照射进房间，搭配风琴状窗帘，起到了柔和的呼应效果。(野村宅·岐阜县)

　　风琴帘也属于遮光帘，将窗帘加工成精致的褶皱状，靠拉动窗帘绳上下升降。纤细的质感搭配柔和的光线，显得富有韵味。不管使用在大窗户还是小窗户上，都能轻松协调整个室内的装饰环境。

　　窗帘可以使用轻薄材料，营造出透光率较高的效果，同样也有完全遮光的面料。除此之外，窗帘的面料还有可手洗的以及两种不同面料组合在一起的类型等。

卷帘窗

卷帘可以简单控制窗帘的上升与下降，自由调整窗帘上下的高度。若是把窗帘全部卷起的话，可以收纳成紧凑的管状形态，不会影响到室内采光和远眺的效果，窗边的景色一览无余。

操作方法有单手操作式卷帘、拉绳开闭式卷帘以及针对天窗、较高处窗户使用便利的电动式卷帘等。卷帘常常用在简单朴素的室内装饰中，材质也较为丰富，因此被广泛应用在空间设计内。蕾丝材质的卷帘用于优雅精致的房间，而竹制和日本纸制卷帘用于和式房间和一些富有东方韵味的房间里。同时，也有人使用轻薄材料和厚实材料的双重卷帘。除此之外，还有经过防水处理，适用于浴室的材质商品和强调遮光性材质的商品。

柔和的空间和条纹装饰相协调
古风家具和明亮的照明相协调，窗帘条状的花纹丰富了窗户的表现形式，营造出室内标高大于实际高度的视觉效果。(秋原宅·茨城县)

统一白色调
打造出现代风空间
家具和内部装修都统一使用白色调的室内装饰效果，营造出洁净的空间美感，同时窗户和照明也被组合设计成极简式的风格。(I宅·东京都)

调节高侧窗洒下的阳光
为了发挥高侧窗的采光效果，采用卷帘式的窗帘。卷帘卷起后可以削弱窗帘的存在感，把卷帘放下后便可与墙壁融为一体。(T宅·爱知县)

百叶窗、遮光帘之类的测量方法

从窗框内侧安装时

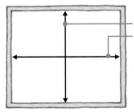

高度等于窗框内侧尺寸减1cm
宽度等于窗框内侧尺寸减1cm

一般情况下，高度与宽度都从窗框内侧减去1cm计算。然而根据生产厂家的不同，尺寸也会有所不同，所以实际情况还需具体确认。

从窗框外侧安装时

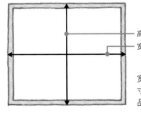

高度=窗框外侧尺寸
宽度=窗框外侧尺寸

宽度、高度按窗框外侧尺寸测量，并选择相应的商品型号。

罗马遮光帘

丰富的形式变化，
兼具升降的性能

罗马帘的类型

● 柔式风格

不管是大窗户还是小窗户，都能较好地与之协调。蕾丝质地或自然褶皱的材质都可广泛使用。

● 板式风格

因为这种窗帘为横向走线和横板状形式，所以当帘子升高时，褶皱干净整齐。塑料质地的面料走线并不显眼，所以选择面料需注意这一点。

● 水纹式风格

这种风格的特征像波浪一样重叠布置，具有体量感。使用轻薄质地的材料会给人轻松感，反之又会让人产生厚重感。

● 气球式风格

下摆有着像气球一样鼓起的上升式帘子。

● 路斯风格

气球式的体量感与柔式的简约感相结合的一种风格样式。下摆营造出适度的蓬松感演绎出窗边柔和的空间氛围。

● 奥地利式风格

以水波一样纤细的褶皱为特征，适合精致、优雅的室内装饰。呈现出不连续的波浪风格，适用于较宽的窗户。

● 慕斯风格

在一块布帘中央设置拉绳，从下部向上拉起时，会在下摆处形成波浪褶皱。这种风格适用于细长形窗户，以使用柔软材质的面料为佳。

● 扇形风格

以孔雀羽毛为设计灵感，适合纵长型窗户，适合设置在几个并联的窗户上，彰显其美感。色彩不仅有素色，也有竖条纹和花草纹风格的图案。

讲究材质的选择，
打造高品位的室内装饰

泥质墙面搭配橡木材质的地板。窗边的罗马帘采用上等布料，呈现出微微的透光感。（M·T宅 东京都）

　　罗马帘是以布艺面料缝制的遮光帘，其构造特点为当拉动绳子时，帘子就会从下摆处折叠并升起。即便仅仅降下略微的高度，也可以起到遮挡阳光和视线的作用，能够升降的这一特点与卷帘相同。布料褶皱的柔软触感给人带来了愉悦的心情，这也是罗马帘的特征之一。

　　罗马帘有各种各样的风格，最为大众化的便是平板窗帘，适合于任何一种风格的室内环境。在优雅风格的房间里，非常适合使用轻薄柔美的褶皱帘子。轻薄材质和厚实材质组合使用的双重窗帘类型也同样存在。

柔式遮光帘给人
留下深刻印象

打造出令人心情愉悦的咖啡馆式的室内环境。罗马帘使用了舒适的面料，与吊灯搭配共同突显出家具的魅力。（多田宅·神奈川县）

横向布置使空间
更具紧凑感

简约遮光帘采用与墙壁相同色系的布料。降下遮光帘后突出了横向线型的布置效果，加深了室内空间的紧凑感。（鸣村宅·东京都）

舒适的光、风可以带来健康、愉快的生活

窗户设计的基础知识

窗户可以带来明亮的光与清爽的风，它是从自然环境到内部生活的保护屏。选择合适的窗户，可以实现愉悦生活。

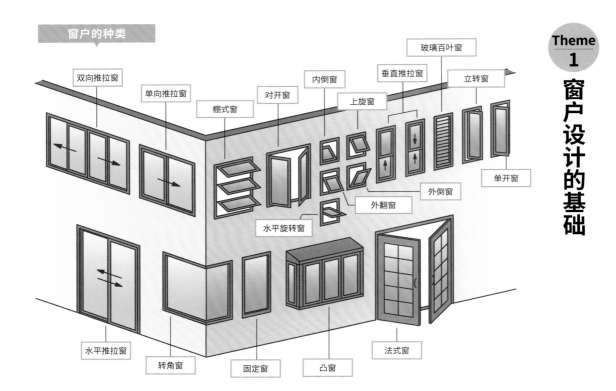

窗户的种类

双向推拉窗
单向推拉窗
棚式窗
对开窗
内倒窗
上旋窗
垂直推拉窗
玻璃百叶窗
立转窗
单开窗
外倒窗
外翻窗
水平旋转窗
水平推拉窗
转角窗
固定窗
凸窗
法式窗

窗户选择的确认要点

- ☐ 设置场所的方位与功能是否协调
  （采光、通风、远眺、出入、开闭是否方便，是否有问题）
- ☐ 与周围环境是否协调
  （从邻地、道路一侧是否阻断视线）
- ☐ 外观与室内是否协调
  （窗框的材料、颜色、设计是否与建筑协调）
- ☐ 窗户的功能
  （隔热性、隔声性、防盗性、清洁性等功能是否满足）

窗户的类型有垂直式的推拉窗、滑进滑出的立转窗等丰富多样的类型。因为窗户的形状、尺寸、设置场所的不同，窗户在满足采光、通风等条件的同时，也是决定建筑外观第一印象的重要组成内容。

窗户设计的重要之处在于综合考虑并协调空间的使用功能、自然环境、内外装修等。为了保证通风效果，在风向位置考虑设置窗户。在墙壁根部避免开窗，如果是为了提高通风、采光的效果，窗户的设置尺度可以放宽至接近天花板的高度。

功能性与设计性双方面考虑，选择成功的窗户设计案例

宽敞舒展的起居室里，美丽的景色一览无遗

能够眺望蓝色大海与天空的居住场所。将窗户开启，能将外面的露台和起居室融为一体。上方长条形的窗户是为了防止台风侵袭而设计的。（仲田宅·鹿儿岛县）

内外相连的大窗洞营造明亮、开放的居住场所

全开启折叠式的门窗扇演绎出木质露台和室内空间的连续感。（I宅·东京都）

将露台作为生活场所使用的话，能够使居住空间更加宽敞。如果在新建或改建住宅中设计露台的话，更需要慎重地选择窗户。面向露台的窗户完全开启的话，能将室内和室外的空间联系起来，让人感到畅快淋漓。

窗户（门）与地板的高差应尽量消除，使用推拉窗的话，最为理想的设计是在横向墙上能够完全收纳推拉窗（门）扇。全部开启的窗户（门）也有折叠式这种类型。

Point 1

大面积的门窗洞可以创造内外空间的一体感，也能展现房间的开敞感，身心都能得到充分放松

Theme 2 不同功能窗户的设计要点

邻接道路或紧挨着邻居房屋的住宅，为了保护隐私，需要从外面在难以窥视的位置上安装窗户。

沿着道路的房屋可以在靠近天花板处安装高侧窗或是在接近地板处安装低侧窗，选择合适的材料和位置，遮挡住路上行人的视线。低侧窗也适合安装在跪坐时视线较低的和式房间里。

当面对着邻居的房屋，为了避免正对双方的窗户，应将窗户开设的位置错开，保护双方的隐私。在住宅密集地，另一种方法便是安装天窗。新建住宅时，围绕中庭布局门窗洞，可以不用在意旁人眼光，充分享受到阳光与和风。

Point 2

在遮挡外人视线上，需有效利用高侧窗和低侧窗

为了保护隐私，设置通风方便的高侧窗

为了避免附近公寓里的视线入室，可将窗户安装在高处。（竹内宅·爱知县）

窗户设计考虑到从外入内的视线，让人舒服、轻松

右边窗户设置考虑到电视机的位置和遮挡外人视线。在挑空的起居室内，从高侧窗射进来的光线让人心情舒畅。

以表现复古美感为主题的改造

对于保留了一些古老物件的住宅，窗户不仅是与建筑结构和居住性相关的物件，改造时也要特别注意它与这些古老物件的融合。（近藤宅 · 爱媛县）

温馨感十足的木质窗框，讲究自然素材的家

墙壁使用硅藻土涂抹，地板采用松木材质。而木制窗户好像被赋予了框景的作用。（I宅 神奈川县）

若要追求室内装饰完美的协调，窗户的材料和色调也需要精心考虑。与以往不同的是，现今铝、树脂材质的窗框及其颜色变化愈加丰富，追求自然风的家居效果可使用木纹色调的窗框，而现代风的家居空间中可使用白色或银色系的窗框，人们可以选择和自己的喜好风格相适应的设计。

窗户因设计、配置不同，可以根据窗户的外观和室内空间的个性风格进行装饰。在西式建筑中，多使用方格式的垂直推拉窗和艺术感的固定式窗户，强调一种干练的感觉。对于富有现代感的建筑，直接使用连续的方形窗户，可营造出富有时尚感的装饰效果。

通过窗户实现节能

北欧的内设三层玻璃的木质窗，隔热性、气密性和隔音性都极佳。可旋转式的构造让清理也变得十分简单。（O宅）

隔热式窗扇
提升空调房的使用效率

隔热式窗扇是低热传导率的窗框和多层玻璃组合而成的窗户。窗框的材料是铝和树脂构成的一种复合材质，也有树脂、木材等材质。建议根据建设地点的气候条件以及必要的隔热性能选择合适的窗户吧。

三扇并列的小窗打造出富有乐趣的墙面效果

在电视墙的上方安装了三扇小方形窗户。不仅充当了天窗，而且完美突出了室内装饰的节奏韵律以及时尚气息的点缀。（尾崎宅·埼玉县）

把墙面当作画布来设计窗户

为了更好地与平面设计布局相协调，在宽大的墙面上布置细长形窗户和方形窗。这种设计便是挑空起居室内独具的魅力所在。（小泉宅 · 静冈县）

Part 6

照明选择与
布置的基本课程

完成整个室内设计的关键环节需时刻关注照明问题。本章首先介绍照明器具的种类、选择方法，然后阐述令人舒适的照明技巧、北欧设计师照明作品并列举了工业风照明的人气店铺信息。

使用漂亮灯光，创造舒适房间

照明种类及选择方法的基础知识

照明不仅是灯具的设计，其照度和广度更加重要。在此介绍照明设计需要知晓的基本知识。

一般照明与辅助照明

一般照明

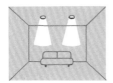

● 筒灯

嵌入天花板中使用的照明灯具，不突出照明灯具本身，适用于简约风的室内装饰和天花板较低的房间。

● 吸顶灯

直接安装在天花板上，从高位置可以照到整个房间。在一般照明中是经常使用的方法之一。最近，也生产了一些压迫感小的薄型灯具。

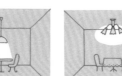

● 吊灯

在天花板上用电线和链子垂吊下来的照明灯具，经常用为餐厅照明使用。种类较为丰富，选择时，建议考虑桌子的大小尺寸和用途。

● 枝形灯

用于起居室和会客室，造型装饰华丽，属于多头灯的照明灯具。在天花板较低的房间内，选择的关键是控制该种照明灯具的高度。

辅助照明

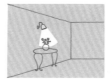

● 壁灯

安装在墙壁的照明灯具。因为墙壁变得明亮，能够增加房间的进深感。这种照明灯具本身也是室内装饰的重点。

● 射灯

安装在天花板上，用来照射绘画等特定对象的照明灯具。如果一般照明太亮的话，其效果就受到一定的影响。这种照明灯具的优点是能够自由地改变灯光的照射方向。

● 脚灯

脚灯的位置靠近地板并嵌入墙壁，用来照亮脚下的照明灯具。打开一般照明，再加上脚灯，脚边会变得明亮，由此增加了安全性。经常设置在走廊、楼梯、卧室等处。

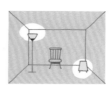

● 落地灯

落地灯是读书灯以及在昏暗的角落里所使用的辅助照明灯具。即使在低处也能扩大光照范围，这种灯具让人产生安定的感觉。

一室多灯的照明设计中可以增强功能性及其情调

照明可分为一般照明和辅助照明。一般照明的目的是使房间整体明亮，代表性的灯具有吸顶灯。而辅助照明是仅仅照亮有限的范围，根据用途可分为两大种类。一类是像台灯一样补充用眼工作时所需的照明。但有一点需注意：即使手边的照度已经足够亮，房间整体较暗的情况下，眼睛的负担仍较大。另一类是为营造房间氛围和在照度不够的地方所使用的照明，落地灯和壁灯等就属于这一类。

在天花板正中央仅设一盏吸顶灯的照明方式，容易让室内空间产生乏味的感觉。另外，如果事先将照明设定为适用于细致工作的光照度，那么在日常生活中又太刺眼了，还会浪费电。

照明设计中要充分考虑生活方式，协调一般照明和辅助照明的平衡搭配。如此将提高用眼工作时的舒适度，并增加房间的整体氛围。

灯泡的种类和特征

(协助摄影/松下)

	白炽灯	荧光灯	LED 灯
商品	白炽灯	灯泡形荧光灯	LED 灯泡
颜色	● 带有红色调，柔和、有光泽的颜色。	● 灯泡微微泛红。 ● 昼白色，较为清爽。 ● 青光色，略微发蓝。	● 有清爽色调的昼白色和温暖、柔和的白炽灯泡色。
质感、方向性	● 带有红色调，柔和、有光泽的颜色。 ● 能投出阴影，让物体看起来具有立体感，饭菜看起来很美味。	● 不容易出现阴影。 ● 光线方向性较弱。	● 能投出阴影，让物体看起来有立体感。 ● 光线有方向性，能有效照亮目标对象。
发热量	多	少	少
开灯、调光	● 一打开开关，马上亮。 ● 即使频繁地开关，也不会消耗灯泡寿命。 ● 和调光器一起使用，可以调节1%～100%的范围。	● 打开开关到灯变亮，会花一点时间。 ● 频繁开关的话，使用寿命会明显缩短。 ● 不可以和调光器一起使用。 ● 可以在具有调光功能（分级调光和连续调光等）的开灯电路中调光。	● 一打开开关，马上亮灯。 ● 能够反复频繁开关。 ● 可以调光。
电费	贵	便宜	便宜
寿命	短 (1000～3000小时)	长 (6000～16000小时)	长 (大约40000小时)
价格	便宜	圆形和直管形的灯泡较便宜，灯泡状的略贵。	贵
适用场所	短时间亮灯，开关次数频繁的场所。	适合长时间开灯的地方。	适合长时间开灯，高处等不容易换灯泡的地方。

Theme 2 灯泡的种类

主流是节能、经久耐用的LED灯灯泡

白炽灯因费电、热效率性能高等，产量正大幅度缩减。快速普及的便是LED 灯。与白炽灯相比，LED灯的电费约是白炽灯的五分之一，但使用寿命却是它的20倍，节能性方面的优点尤为突出。而荧光灯存在高效率、耐久使用的型号，也有灯泡形和圆形等丰富的造型种类。照明设计时，建议充分考虑照明灯具的价格、开灯时间等因素，区别并分开使用LED灯和荧光灯。

普通灯泡形状的LED光照方式

光线向四周发散，广泛布光类型

光线的发散方法和普通的白炽灯相近，与起居室的吸顶灯、筒形照明、台灯、餐厅的吊灯等。

光线向下方发散，下方布光类型

光线向正下方发散的照明类型，适合于走廊、卫生间、洗手间等处，以及照亮绘画的射灯等也属于此类。

LED灯泡的照明标准

普通灯泡 (灯头 E26)	普通灯泡形 LED (灯头 E26 普通灯泡形)
20W 相当 (20形) ➡	170lm 以上
30W 相当 (30形) ➡	325lm 以上
40W 相当 (40形) ➡	485lm 以上
60W 相当 (60形) ➡	810lm 以上

※LED 的通光量的单位用 lm 表示。表中显示的是，得到与原来的白炽灯泡几乎相同的照度对应的LED灯的通光量值。

123

扩大照明灯具光照范围的方法

照明器具的布光类型

直接照明

所有光直接面向下方照射。照明效果良好，房间局部需要强光照亮，但天花板、房间的角落处光线容易黯淡。

间接照明

所有光由顶面、壁面反射后照亮房间。照明效果虽有所下降，但没有眩光，灯光能够产生令人安心的房间气氛。

半直接照明

大部分的光线向下方发散，一部分光由于灯罩的材质向上方照射发散，与直接照明相比，少了很多刺眼的光线，阴影也变得更为轻柔。

半间接照明

与间接照明几乎一样，光线通过被天花板和壁面反射，一部分光通过灯外罩等向下方发散，光线并非直接进入眼睛，给人以柔和的印象。

全发散照

光透过乳白色的玻璃和树脂灯罩，向全方位温柔扩散，使用柔和光线，避免眩目、阴影，可以均匀照亮空间。

灯罩的材料与光线走向

玻璃、树脂	铁

吊灯

壁灯

光照特点

光透过乳白色的玻璃、树脂等材质的灯罩，灯罩周围会有很多散射光，营造出柔和的氛围。

若使用不透光的铁制灯罩，灯罩周围灯光较暗，光影交错，对照明显。

在选择照明器具的时候，也需要明确光线的发散方式

即使相同位置设置相同功率的照明灯具，也会因为灯具本身存在的差异，光线照射方向和强度会有所不同，最终影响到房间的气氛营造。布光，是指设计照明灯具所照射的灯光方向和发散方法。布光有五种形式（如左图所示），具体由灯具的设计、灯的材质等决定。

例如，属于一般照明的类型，安装在天花板上的吸顶灯以及使用不透光灯罩时，全部的灯光直接向下照射，这种类型被称为直接照明，虽然适合局部强光照射，但由于电灯泡周围没有什么东西覆盖，易产生眩光。倘若所有灯光射向天花板和墙壁，通过反射光线达到照明的类型称为间接照明，这种类型可以达到不晃眼、柔和灯光的效果。对于选择强光抑或柔光，应考虑与房间内的生活方式相适应，以便创造出既令人享受又适合自己的生活状态。

在阅读照明灯具销售目录选择灯具时，可以想象一下这种灯具的光线是如何发散的，而照明效果又是怎样的。如果方便的话，走访有商品展示的陈列厅，亲自确认一下照明灯具开灯时的效果是最好不过的了。

根据照射面的不同营造不同的感觉

灯光照亮天花板
和墙壁能够突显房间的宽度

能够营造出一种天花板很高的宽敞的
空间效果,适用于创造开放又安心的空
间。

灯光照亮地板
和墙壁能够制造静谧的氛围

天花板昏暗,照亮地板和墙壁将形成一
种静谧的氛围,适用于厚重的室内装饰。

平衡照亮整个房间,
能够营造柔和的氛围

均匀地照亮地板、墙壁和天花板,将形
成一种被光包围着的柔和印象。

仅照亮地板给人
一种非日常的氛围

使用筒灯突出对地板的照射,容易营造非
日常的空间,可以创造出戏剧般的效果。

灯光照亮墙面
将突显横向的宽度

使用射灯照亮墙壁,让人产生横向变宽
的感觉,产生画廊风格般的效果。

仅照亮天花板,
会使天花板看起来更高

照亮天花板将突显上方的高度,天花板
看起来将变得更高,产生一种开放和舒展
的效果。

吸顶灯的使用注意点

为墙壁
和天花板补充亮度

作为一般照明使用的吸顶灯,由于光向下方
照射将会让空间变得宽敞。而天花板和墙壁往往
照不到光,因此也会让空间整体感觉昏暗。此时,
应该增加落地灯、壁灯等照明器具,简单地为地
板和墙壁补光。

仅有向下方的光线让
空间产生昏暗的感觉

仅有作为一般照明使用
的吸顶灯,不会照亮天花
板和墙壁,容易让人产生
空间昏暗的感觉。

照亮天花板和墙壁,让
空间变得明亮宽敞

使用落地灯、壁灯和台灯
等增加天花板和墙壁的
亮度,也会增加空间的宽
敞感。

照亮天花板和墙壁,令人产生
天花板变高、面积变大的感觉

照亮天花板或地板,根据光的照射对象不同,房
间带给人的印象也会随之改变。希望营造轻松自在的
空间或浪漫的空间,建议明确空间的使用目的后再确
定相应的照明设计。

如果希望营造柔和印象的空间,在设计上,让光
线均匀地照亮地板、墙壁以及天花板。仅仅照亮地板
和墙壁,不照射天花板的话,将形成安静的空间氛围。
在天花板较低且狭窄的房间内,照亮天花板和墙壁,
天花板将比实际标高看起来更高,给人一种宽敞的视觉效果。
多种不同的照明灯具可以配合不同的场景,但事先应规划、设
置好电路线,便能够欣赏到多彩的灯光艺术效果。另外,较为
简便的方法是使用能够改变灯光方向的壁灯和台灯。

室内装饰材料的颜色也能够影响到光照度。室内装饰材
料颜色越接近白色、越有光泽的物品,受到光的反射将会变得
越明亮。与此相反,使用能吸收光的黑色系材料或是光泽度低
的物品将会显得越昏暗。因此如果墙壁和天花板是深色系的
话,推荐使用明亮的照明灯具。

致力于打造明亮，又让人舒心放松的空间

舒适的室内照明设计技巧

照明设计既需要方便生活，又需要营造氛围。在这里介绍的照明设计灵感可以适应不同的场景和使用目的。

这是一处家人聚集、多用途的起居室。室内照明设计以打造一个多种照明灯具组合，既有功能性又让人感到轻松舒畅的房间为目标。

新建或者改造住宅的时候，首先决定的是沙发、餐桌椅等重要的家具的布置位置。如果是探讨家具陈列照明方式，便会按一般照明到辅助照明的顺序进行。

这时，为了不让光照范围发生偏向，需要分散水平和垂直两个方向上的光线。将柔和的间接光源和强烈的直接光源相互组合，加上布光上强弱得当的话，房间会产生纵深感。

Point 1
在一室型的起居室内改变灯光的位置

家人团聚的起居室使用了间接照明统一成欧美风格

天花板上没有安装任何照明灯具，所有的灯具作为间接照明全部设置在墙壁上。平静温和的光线让人忘记白天的喧闹嘈杂。(松田宅 埼玉县)

间接照明的特点在于可以弱化照明灯具的存在感，照明光线柔和轻松。专业方法是用建筑化照明，具体指将照明灯具安装、隐藏在墙壁或者天花板内，然而轻松采用的间接照明方法是使用壁灯和台灯等灯具。

Point 2
间接照明柔和笼罩需要身心放松的人们

可移动式的壁灯能自由操纵光线

简约的室内装饰能够突出绘画作品的魅力。在弱化色彩的室内空间里，让人印象深刻的是壁灯的光线演绎出丰富的阴影艺术。(春日宅 静冈县)

在挑空处，高处的自然光线照射到墙壁和天花板上，加强了空间的舒展性。壁灯除了安装在墙壁上，还可设置在横梁上。这些地方的照明灯具选择更换次数少、经久耐用的 LED 灯具是最佳选择。

Point 3
挑空处照亮了墙壁的上方，演绎出空间纵向的广阔感

照明灯具设置在每个角落，营造出一处享受阴影乐趣的起居室

照明灯具主要采用了可转动的壁灯和小型吊灯，均衡巧妙地配置了多种的照明灯具。在白天，也能够欣赏到像艺术品一般的照明方式。(藤笑宅 东京都)

选择吊灯需要考虑其规格与桌子尺寸的协调感。对于宽约120～150cm的桌子，选择直径约为桌子宽度的1/3（即40～50cm）的吊灯最为合适。对于宽度约180～200cm的桌子，使用多个小型吊灯也是一种方法。对于吊灯的选择，需要保证有人落座后，不会因强光照射而产生眩目感。安装在天花板上的照明灯具如果偏离了桌子的中心，建议设置吊灯，通过移动灯罩以便可以调整光源位置。

Point 4

确认吊灯规格，使之与桌子尺寸相协调

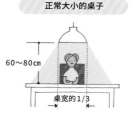

吊灯和桌子的关系

不规则式的桌子

50～70cm

在不规则式的桌子和规格较大的桌子上方可设置多个小型吊灯。

正常大小的桌子

60～80cm

桌宽的1/3

高出桌面60～80cm处设置直径约为桌宽三分之一的吊灯。

大型桌子

50～70cm

高出桌面约50～70cm处设置两三个小型吊灯即可。

60～80cm

对于大型桌子，建议使用直径较大的灯具，如此不至于令桌子四角灯光昏暗，让人产生不舒适感。

筒灯的位置避免安装在床的正上方，可以设置在床脚处靠近墙壁的地方。

轨道式照明满足增加照明灯具数量的同时，其位置也能自由调节的需求，具有可轻松改变照明灯光的优点。不过，需要注意限制照明灯具的总功率及其重量。

Point 5

造型简单的轨道式照明

将壁灯设置于门把手一侧，灯光不会被门遮挡。

将壁灯设置于门铰链一侧，灯光会被门遮挡。

门开在走廊处，需要注意壁灯的设置位置。出入房间时，为了不让门遮挡到壁灯的光线，要将壁灯设置于门把手所在的一侧。

Point 6

附近有门的走廊处的照明，光源设置于门把手一侧

轨道式照明与射灯一同营造出具有咖啡厅风格的厨房。（山本宅·广岛县）

在卧室横向设置床的目的是使灯光不会直接照射到眼睛。在卧室，筒灯采用半间接照明方式进行布光，并且具备调光功能是最合适的了。

Point 7

使用不刺眼的柔光，打造舒适的卧室睡眠空间

127

追求功能美的永远畅销系列

设计师照明
人气品鉴

建筑师以及灯光家具设计师亲手设计的照明灯具杰作。在日常生活中使用，可以体会到照明灯具的艺术性和实用性。

PH Snowball/雪球吊灯

光射到厚重的遮光罩上后再反射并蔓延开，这是一件光的艺术作品。在宽敞的范围内也可以得到充分的亮度。
（¥225750 /YAMAGIWA ONLINE STORE）

PH 5 Plus/灯

采用了独特曲线的遮光罩与内侧反射板的精巧组合，能够减少令人不舒服的眩光。
（¥86100/YAMAGIWA ONLINE STORE）

PH2/1台灯

这是 PH 系列中最小的台灯，玻璃灯罩直径20cm，散发的柔光可以发散得更广。
（¥71400/YAMAGIWA ONLINE STORE）

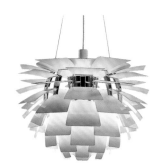

PH Artichoke/洋蓟灯

这是1958年设计的作品，巧妙地利用成对的72枚叶片和100多种零件制作而成。
（¥871500/YAMAGIWA ONLINE STORE）

存在感十足的
垂饰才是主角

在室内装饰中采用具有复古气息的北欧式家具。在空间上方较为宽敞的地方设置了漂亮的雪球吊灯。
（E宅 北海道）

File 01

Poul Henningsen (Denmark)

保罗 · 汉宁森

寻求照亮人、
物和空间的优质光

保罗 · 汉宁森生于丹麦，是 20 世纪具有代表性的灯光设计师，被誉为"近代照明之父"。代表作 PH 系列的灯罩经过精密计算，不管从何处都看不到光源，在空间里仅会发散出柔和的间接光。

彰显木纹肌理的空间点缀品

这是北欧风格的室内设计。PH5 Plus的曲线增添了一份柔和感。（石泽宅 东京都）

保罗·克里斯蒂安森 (丹麦)

如同雕刻一般，
从一张塑料薄片中发出的柔和光

用数学原理设计的曲线灯罩采用塑料薄片折叠，成为灯具设计的一般新风潮。

171A
高31cm，在日式住宅里也可以轻易使用。(¥29400/YAMAGIWA ONLINE STORE)

172B
呈现出曲线和凹凸有致的设计，能欣赏到丰富的阴影美感。(¥36750/YAMAGIWA ONLINE STORE)

安恩·雅各布森 (丹麦)

能改变布光的可动式灯罩，
近半个世纪深受人们喜爱的系列

活跃在全世界范围内的丹麦建筑师，AJ 系列有蛋椅、天鹅椅等，是为哥本哈根的皇家酒店设计的著名作品。

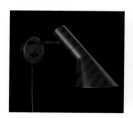

AJ Wall
灯罩从中心向上下左右移动60°。(¥71400/YAMAGIWA ONLINE STORE)

AJ Table Lamp
灯罩可以移动75°，能照射到重要的位置。(¥92400/YAMAGIWA ONLINE STORE)

汉斯·瓦格纳 (丹麦)

能让心灵平静的优美曲线，
也讲究使用的便利性

瓦格纳是北欧现代风椅子的代表性设计师。这个吊灯能自由调节高度，能够配合用途，调控光照范围，从而控制桌面的明亮度，是一件注重也讲究功能实用的设计品。

Wegner Pendant F-142W
配合使用目的，能调节灯具的高度和配光。(¥90280/YAMAGIWA ONLINE STORE)

放置在沙发旁边，成为便利的读书灯

简洁的小型灯罩和细杆组合而成的AJ 落地灯。经过50年，现在依旧属于新鲜的设计作品。(F宅·东京都)

灯光帮助人们轻松入眠

素净的橄榄绿墙壁和白色床单相互协调，房间里还安装了雅各布森系列灯具，洋溢着温暖气氛。(岸本宅·大阪府)

汉斯-昂内·雅各布森 (瑞士)

从松木灯罩里洒落的光，营造出将人和室内空间一同包裹的温暖感

雅各布森是瑞典著名的灯具设计师。这件作品使用北欧产的松树作为灯罩材料，将其加工成薄片状，打造出简单朴素的设计感。这类灯具的特征之一便是能够享受木制灯罩散发的温暖柔光。

Jakobsson Lamp S2517

高约24cm的小型台灯。(¥27300/YAMAGIWA ONLINE STORE)

Jakobsson Lamp F-108

灯具的特别之处在于使用时间越长，颜色越深。(¥62265/YAMAGIWA ONLINE STORE)

存在感超群的照明灯具

这款吊灯似乎可以支配整个简约的空间，具有强烈的视觉冲击力。它使人联想到风铃式样的形状，勾起人们玩味的心态。(Y宅·爱知县)

这是1954年的设计作品。在当时，灯罩和臂杆可自由活动且照明范围广的壁灯设计可谓是变革之举。(¥12.6万/INTER SHOP自由丘店)

塞尔格·穆伊勒 (法国)

多种形式的变化，大胆变革的模式

银制品工匠出身的 Serge Mouille 逐渐开始从事设计工作，设计出的一排照明灯具有蜥蜴头形状灯罩。然而，他去世后这种设计才得到了世界范围内的各种评价。这种灯具的臂杆和灯罩都可以调节角度，其功能尤为突出，可根据不同的使用目的和对象，调节所需的照明方向。

将灯罩向上转动可照射到天花板，而向下转动可照射到手边物品。(¥241500/INTER SHOP自由丘店)

02 JIELDE lamp

融合简约的设计性和功能性，法国制造的台灯

1950 年以来，它以优秀的功能性和独特的艺术性著称，成为长期畅销的设计商品。因其构造在接合处无布线，所以移动灯身也不用担心断线。

DESK LAMP-CLAMP white
这是使用螺丝固定在桌面的型号。（¥48300）

SIGNAL DESK LAMP gray
现在也是由工匠手工制作而成。（¥33600）

03 GRAS lamp

著名建筑师喜爱的台灯名作

据说勒·柯布西耶和一些艺术家都非常喜爱这件作品，展现了功能构造美感，基本结构不使用螺丝或者焊接，而是采用了特殊的连接方式。

N205BL-CH
带有圆形线条的灯罩的灯有着怀旧感。（¥73500/SEMPRE 总店）

N207BL
小型台灯。其材料有钢铁、橡木以及铝。（¥72450/SEMPRE 总店）

工业风系列照明

01 金属系列吊灯

温暖的珐琅灯罩，怀旧复古的吊灯

简单的圆形灯罩与低调的光泽感相辅相成，是洋溢着质朴感与复古感并存的人气灯具。它的魅力在于既有强烈的存在感，又与北欧风、田园风、现代风格的室内装饰相互融合。

PORCELAIN ENAMELED IRON LAMP black
1930 年代经过再设计的灯具作品。（¥12600/INTER SHOP 自由丘店）

PORCELAIN ENAMELED IRON LAMP white
灯罩是简单的圆锥形，顶端铜制的装饰是点睛之笔。（¥12600/INTER SHOP 自由丘店）

LAMP SHADE blue

LAMP SHADE brown
灯罩可更换，可以轻松改变空间印象，有 2 种尺寸。（¥4893，专用插座另卖）

JIELDE CEILING LAMP AUGUSTIN (S) black

JIELDE CEILING LAMP AUGUSTIN (S) white
法国 Jielde 公司的设计作品。照片中的灯罩是直径 16cm 的 S 号，也有 M 号和 L 号。（¥21000）

131

简约的家具与艺术品、绿植等完美搭配

严格选择照明灯具，营造特色空间

A宅·兵库县

丹麦名作照明作为前卫艺术也足以让人心情愉悦

空间的基本形式为直线型，搭配组合了 Le Klint 公司曲线优美的吊灯产品。墙壁上悬挂的壁画使用了 Marimekko 公司生产的布料，后经手工装饰而成。

客厅

这是使用不同色阶与直线型设计相互组合而形成的现代风室内空间。四盏照明灯布置在对角线上，高低不同，室内展现出有节奏的阴影效果。

沙发旁用于阅读的落地灯

这款落地灯可调节高度和角度。对于喜爱不锈钢质感和锋利简约外形的人士，这一款照明灯具最合适不过了。另外，靠垫是白色沙发的点缀物。

起居室的角落里有常用的落地灯

这是一款造型简洁的落地灯。A 氏说若将角落照亮的话会让房间产生纵深感。倒映在墙上的绿色影子，也是室内设计的一部分。

餐厅

餐桌上方连着放了三个小吊灯

灯罩采用乳白色立方体玻璃制成，造柔光与吃饭、聊天等交流活动相得益彰。该设计考虑到了餐桌的宽度，连设三个同样的照明灯具。

卧室

软布灯罩的橘色光线

这款是飞利浦设计的灯具，因为床的高度较低，可以直接放在地板上。

从家具的协调到焦点的展示，室内设计中到处能感受到 A 氏的审美意识，据说对于照明灯具的选择也是完全凭靠感观感觉。

对照明的位置，如设置高低不同的位置或是利用房间对角线等设计方法可以让房间内会变得明亮。灯光设计适合用餐、放松或交谈等也是照明的魅力所在。

以北欧现代风格、昭和风格以及个性化的照明灯具
共同营造了温暖的咖啡厅式的室内风格

S宅·爱知县

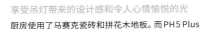

享受吊灯带来的设计感和令人心情愉悦的光

厨房使用了马赛克瓷砖和拼花木地板。而PH5 Plus
灯具让怀旧的内部装修风格变得更加紧凑。

餐厅 & 厨房

有着像咖啡厅
一样纵深感的照明方式

主色调是红色和绿色，而不同颜
色的椅子是室内装饰的点缀品。
照明演绎出了空间的阴影和纵深
感，营造出咖啡厅一般的氛围。

S氏说："当初设计的主要风格打算以瑞
典老房子为目标，但如果说要把喜欢的东西都
集中起来的话，在其中不知不觉地又加入了很
多昭和风的东西……"从北欧的名作到昭和时
代的玻璃灯罩，连照明灯具也是将不同国家和
不同年代的东西巧妙地混合在了一起。最近又
开始热衷于将咖啡的香气融入于此，营造出了
温暖怀旧感的室内空间环境。

集中复古元素，打造复古空间

巧妙利用便捷式轨道照明的照明方式，松木制的吊灯是Jakobsson Lamp。脚踩式缝纫机和家具等营造出了浓厚的复古风室内空间环境。

窗边的桌子也是咖啡店式的风格

这是一处享受电脑和手工艺乐趣的空间。桌柜是实木材质，侧面铺设了马赛克瓷砖的低矮隔断，其上方安装了两个不同设计的小型吊灯作为点缀协调。

低处的照明

对于重心较低的区域，当温暖的灯光映入眼帘时，心情会变得安稳与沉静。适当控制亮度会增加平静感。

**睡前的惬意时光打造成
如夕阳一般的灯光可以放松身心**

正午的白光会刺激到神经，如果想要营造放松身心的卧室和起居室的话，在较低的位置布置红色的灯光吧。

以红色和绿色为主色调的厨房

设置高度较低的吊灯可保证家务顺利进行。地面是灰色和薄荷绿相间的方格花纹。白色的墙壁和厨房入口相映衬，呈现出明亮的主色调，令人印象深刻。

小型吊灯是让房间
熠熠生辉的装饰品

高低不同的悬挂方式也很时尚

让人想起巴黎古老的公寓内富有韵味的餐厅。平衡搭配了铜制的小吊灯,使空间散发出独特的韵味。(荒屋宅·北海道)

美丽如冰一样的透明和光洁

用可降解的玻璃制成的吊灯,并列安装了三个喜马拉雅灯。开灯后在墙壁和天花板上都会反射出闪闪的亮光。(菊池宅·宫城县)

将不同设计组合起来的"错开"技巧

使用复古式的门、橱柜和古董等故意混搭设计风格不同的吊灯。(政本宅·爱媛县)

简约空间里使用灯具作为点缀

基础照明为筒灯,在厨房和餐厅里增添古典风的吊灯,由此增加了横梁的自然感。(O宅·爱媛县)

个性化设计的小型吊灯不断映入眼帘,它们非常适合人气较高的咖啡馆式的室内风格。

像这样的灯具,虽然单个使用也没问题,但如果多个灯具一起使用的话,会产生富有节奏韵律感的空间效果,整个气氛也会变得华丽十足。而且,当一个照明灯具亮度不足时,多个灯具可提高空间的亮度。在白天,可以欣赏照明灯具的外观设计,到了晚上多个吊灯一起开启,和谐又梦幻的灯光令人心旷神怡。

Part 7

厨房选择与
布置的基本课程

本章讲解厨房的布置、尺寸，并介绍厨房器具的种类、选择方法
以及厨房商品的系统信息。

设计需要考虑生活方式及其功能性

厨房布置与尺寸的基础知识

为了发现方便使用又与生活方式相协调的厨房,首先需要介绍一下厨房设计的基础知识。

厨房布置的基础

I 形

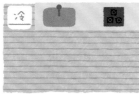

优点	注意点
既节省空间,做家务时又可左右移动。	正面宽度过宽,导致活动路线太长,使用不便。

L 形

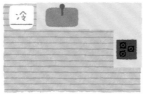

优点	注意点
活动路线较短,使用频率高的布局方式。	如果无法有效利用角落作为收纳空间的话,会带来不便。

II 形

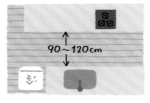

90～120cm

优点	注意点
水槽和炉灶的周边存在宽敞的操作台。	虽说减少了横向移动,但是增加了纵向式的来回移动路线。

U 形

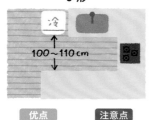

100～110cm

优点	注意点
拥有较宽敞的烹饪操作台,使烹饪变得便捷。	确保出入方便需留出足够空间顺畅通行。

环岛型

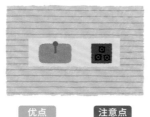

优点	注意点
四个方向都可以使用,可以满足多人使用的安排。	因为需要在四周留出空间,适用于宽敞的空间。

半岛形

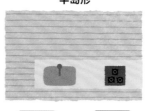

优点	注意点
需要一面靠墙安装,即使开间较窄的空间也可以使用。	操作台过长的话,来回移动将变得麻烦。

　　厨房设计有各种各样的种类,决定布局设计的时候,需要慎重考虑厨房的空间尺度、烹饪的流程以及与起居室、餐厅的串联方式等细节。

　　对于面积狭窄的厨房,使用I形靠墙布局最为节省空间。但如果没有设置好碗柜、食品区域等收纳空间,I形布局也会使用不便。缺乏收纳整理的话,所需物品随意放置,会让厨房显得杂乱无章。如果碗柜离厨房太远,来回移动的路线会较长,在做家务的过程中就会造成时间和精力上的浪费。同时,I形布局模式的正面宽度过大,左右移动的路线也会较长,同样造成使用不便。

　　L形和U形布局模式可以缩短工作的移动路线,烹饪操作台变得宽敞,也是这种布局模式的优点。

　　环岛型布局是将厨房置于房间中央的布局方法。因为四个方向都可以满足使用的需要,因此推荐用在可以在厨房举行聚会的大空间里,这种布局方式适合宽敞的空间使用。

烹饪操作台宽敞的话方便使用，其高度的确定参考身高

烹饪操作台过窄的话，不易操作，因此有必要在炉灶和水槽周围留出足够的操作空间。但是炉灶、水槽和冰箱的间隔太多也是不可取的。一般认为将这三处的中心连成一个三角形，其边长等于移动的长度，这个长度在两步以内会让使用变得更方便。考虑到烹饪的操作流程，按照冰箱、水槽、炉灶的顺序设置将更有效率。

方便使用的厨房尺寸
（单位：cm）

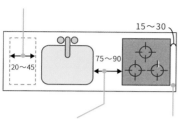

沥水架和洗碗机一起列入的话，需要留出一定的空间。洗碗机也可以放在水槽的右手边。

15～30

75～90

20～45

小于这个尺寸的话，需要加宽操作台面的进深度或者安装飘窗等，以确保方便使用空间。

炉灶与横向墙壁的间隔最低为15cm，放置锅的时候需要留出30cm。

操作台的高度

操作台面的高度标准是身高（cm）×0.5+5（cm）。将现在常用的厨房高度作为标准，可以适当加减调整。

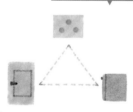

操作三角形

炉灶、水槽及冰箱的中心连成的三角形就是操作三角形。越接近正三角形，操作时越方便。若是一条边的移动长度为两步以内，三条边合计在360～600cm，使用将会更方便。

操作台面的高度一般用身高计算得出，适合的高度可以让人不用勉强弯腰，采用不易感到疲劳的烹饪姿势。工作台面的进深尺寸一般为65cm，但改造比较狭窄的厨房时，常用宽60cm的尺寸。在小空间里，双面使用的操作台宽度可达75cm，也存在方便简餐时用，具有服务台功能的宽度控制在100cm左右的类型等。

遮挡烹饪时手边的动作，摆放食物以及清洁整理也很方便

把沥水架设置在水槽前面，双面的操作台宽为98.5cm，摆台宽度约34cm，方便实用。

宽敞的双面操作台方便用早餐或者点心

操作台面的宽度为100cm，能够满足多功能使用，如儿童学习或者站式聚会等。

进出顺畅，方便使用、简洁、开放式的厨房

操作台面的宽度为75cm，满足面对面地烹饪需求也是不错的设计。

选择心仪的物品，创造舒适的烹饪环境

厨房物品的选择方法

厨房是水槽、炉灶及收纳场所等多种功能空间的集合体。无论是功能性还是设计，最终都需要经过研究后才能挑选出满意的物件。

Item 01

操作台面

以室内装饰性高的人造大理石和结实的不锈钢为主流

操作台面的材质一般为人造大理石和不锈钢。不锈钢不仅耐热性好、防水，而且结实，便于修理。为了让操作台表面有损伤也不至于明显看出，几乎都会进行砂光处理和压花处理。水槽和不锈钢台面是一体成形，因为没有接缝，所以不会有脏污积攒，清理也变得更加简单。

对于定制式的厨房，有花岗岩、实木制以及铺设瓷砖的台面。

美观耐用的人工大理石

人工大理石在高温下不易变色，可以长时间持续保持美丽的颜色。

防水耐热的不锈钢制

这是防污、结实的不锈钢制品。在照片中的不锈钢制品表面经过防刮伤、隐藏损伤的加工处理。

Item 02

柜门、把手

选择丰富变化的形式，与室内空间环境相契合

几乎在所有的系统厨房中，如果系列相同，便会搭配相同的橱柜主体，而价格是由不同的台面、柜门和设备机器决定的。

价格经济的柜门一般以合成板为主要材料，表面贴上印着色彩或花纹的薄板，再做防污处理。

把手与柜门相配套，不同种类的生产厂家数量也非常多。

柔和木纹的厨房与自然风的空间相协调

将梨木花纹进行镜面加工处理的柜门不设外凸的把手，该设计采用防触碰身体的形状。

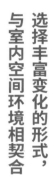

田园风线脚的柜门

淡色线脚的柜门与时尚的把手造型与田园风的室内空间完美协调。

水槽、水龙头

排水处无接缝口，便于清洁

这款水槽采用耐污渍和耐损伤的环氧基树脂作为主要材料，水槽、排水口以及操作台面、排水口的结合部分都没有接缝，属于一体式设计。

能面对面使用的水槽

V字形大容量的水槽设计巧妙，考虑到了水龙头的位置，能够满足面对面使用的需要。这是为环岛式厨房量身定制的设计商品。

水流声不会妨碍谈话，属于静音类型的水槽

水槽里面的抗震结构能减弱水流声，能够达到犹如图书馆一样的安静程度。(静音水槽里也可搭配静音性能高的喷淋水龙头)

清洁性能好，水流声很轻，功能性良好的水槽接连不断问世

作为水槽原材料的代表，不锈钢既结实，保养又简单。人造大理石制品有白色系和中间色系(柔和轻淡色调)等可供选择，可以充分享受使用厨房时的乐趣。水槽尺寸一般为放入中华锅的宽度。还有清洁性能高的水槽，其设计与排水口连为一体，并且可以降低流水声的水槽等。

关于水龙头，满足单手操作的单个龙头的设计很受欢迎。而能够拉引出水龙带的龙头也非常方便清洁水槽，因为像鹅的脖子一样的鹅颈管的出水口很高，清洗深口锅时也十分便利。

洗碗机

3D餐具托盘易于收纳

清洗容量最大为14人的分量。宽度为60cm,德国制。

确认是否能够方便放入餐具以及需要清洗的餐具容量

洗碗机虽然也有放在操作台面上的台式型，但是如果是新建房屋的话，建议还是选择能让操作台宽敞使用的壁龛型为佳。

洗碗机类型中数量最多的是站着就可以把餐具拿进取出的机器。功能性与坚固性两者公认好评的主流产品为洗碗机门向外翻拉打开的类型。

选择洗碗机时需考虑其容量，在开放厨房里，选择运行噪音较小的洗碗机。

古典风的十字形手柄

手柄操作非常顺畅。

鹅颈式设计
拥有漂亮的曲线

德国制水龙头，头部为可引出式。

只需挥手
便可以控制出水、关水

感应器操作确保水龙头不被污染，节水效果也值得期待。

内置净水器的
现代风水龙头

净化水和自来水通过一触式操作可以进行相互转换。

炉灶

灶面安装液晶屏来帮助烹饪

以煮面模式为代表的可自动调节火力的炉灶让烹饪有了新的体验。

防锈的不锈钢制设有全面火架，方便锅的顺畅移动

这款炉灶为不设烤箱的顶面操作模式，优点在于内部有宽敞的收纳空间。

燃气灶拥有可熄灭的安全装置以及调节过高油温的防护装置，安全性能非常完善。使用小型三角火架和玻璃面板的燃气灶已成为主流，其清洁性能也在不断提高。

烤箱一般为两面烧烤的类型。高级烤箱也有触摸式的。电磁炉利用电磁线能量使锅体发热，再将热量传递至食材，因此，电磁炉的加热效率良好，因为不使用明火，不会造成空气污染，既安全又健康。因为上升气流较少，周围油烟不易飞散，所以同样适用于开放式厨房。

不设烤网，便于清理的烤箱

这款电磁炉上方平坦，操作简单，不需要担心火会突然熄灭，且辐射热少。下方为新型烤箱，使用更为便利。

提高安全性、清洁性和设计感，并且使用更为便捷

油烟机

自动清洁式的过滤网可大幅减少清洗时间和水量

自带装有35°～40°热水的水槽，打开开关，过滤网可自动清洁。

特殊的抽油烟方式强调清洁的便利性

水平螺旋形可充分吸收油烟，吸风口设有滤网可抑制油污的侵入。

只有在使用时，排气罩才会自动伸出

不用时，排气罩会隐藏起来，排气罩的设计兼具了美观性和功能性。这款设计没有滤网，但清洁简单。

油烟机根据排气扇的不同可分为两大类。螺旋排气扇用于背面或侧面可直接排放油烟的场所。多翼片送风机通过管道排放油烟，不用特意选择设置场所，可用于双面式操作台和环岛式厨房等处。因为螺旋排气扇容易受到室外气流的影响，所以在二楼等受到强风影响的厨房推荐使用多翼片送风机。

油烟机的选择要点体现在其清洁功率、抽油烟功率以及运转噪声的大小等方面。特别在开放式厨房内，应选择静音、抽烟功率高的油烟机。

吸油烟能力强，去污也简单

收纳

根据物品的使用频率和重量选择合适的收纳空间

选择收纳柜的时候，需要重新确认物品的使用频率和重量，再决定收纳的大小和位置，以及柜门的类型和物品的材质。安装在地板上的橱柜开启方式以推拉式为主，但是近年来，抽屉式的开启方式更受欢迎。比起推拉门，抽屉式的价格虽然高，但是站着便可以开关橱柜，便于拿取物品。

而且，吊挂式橱柜有上下距离或长或短的多种类型。高处的收纳橱柜可以自动或者手动升降，取放也非常方便，还能有效地利用空间。

在平视区域的收纳空间内，放置长柄勺类、案板等物品。这里是手最容易够到的高度，有效地利用了空间。

吊挂式橱柜可收纳食品、餐具等。按高度可分为很多种类。选择时，需要考虑收纳物品或是窗户的大小。

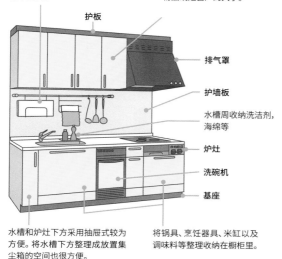

护板

排气罩

护墙板

水槽周收纳洗洁剂，海绵等

炉灶

洗碗机

基座

水槽和炉灶下方采用抽屉式较为方便。将水槽下方整理成放置集尘箱的空间也很方便。

将锅具、烹饪器具、米缸以及调味料等整理收纳在橱柜里。

烹饪过程中一下子便能取出的方便抽屉

这种收纳站着便能拿到需要的东西。水槽下方空间可以设计成能一次拉出的双层收纳抽屉。

将大量的食物整洁地收纳起来

设计时考虑到上层与下层等区域都能方便使用的空间。下层安装了通气设备，可以收纳腌渍品等食材。

定制个性化的平视区域

增添了与金属管相配的架台，架台上可以放抹布和调味瓶等，种类丰富多样。

使用按钮操作升降收纳橱柜

这款吊橱通过按钮操作，放收纳物品很方便。根据用途不同，提供了两款不同的类型。

适合生活模式的分割才会带来愉悦感

厨房设计的
基础教程

对于新建或是改建项目中的厨房,其设计要点在于不仅包含了厨房,更应涵盖整个餐厅起居空间。

Planning 01

开放式厨房

岸本宅·大阪府

边料理,边远眺美景,并和大家快乐闲谈的开放式厨房

收纳充分,富有魅力的室内空间

墙壁一侧的搁架上不设橱门,完全开放。厨房靠近起居室一侧的收纳设置了磨砂玻璃门。

利用外景的开放式厨房

右手窗外是广阔的绿色自然环境,天花板设置了多盏灯照明,整个空间时尚又方便使用。

一室型的设计保证在厨房清洗时可以远眺美景。

厨房

享受与家人的交流时光
让客厅的桌子与厨房相连，能够一边烹饪，一边与家人交流，摆放食物和收拾也可以顺利操作。

走动路线较短，烹饪操作台为宽阔的L形
柜门的材料是有木质感的树脂，上方的操作台面为人造大理石制。四四方方的不锈钢水槽和油烟机展现出了自然现代风。

平面设计的案例

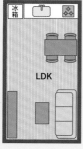

这是I形厨房靠墙设计的平面图。因为这样能够增加起居室、餐厅的空间，所以适用于小型紧凑型的家庭。

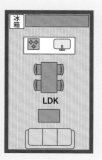

这是环岛式厨房平面图。这种设计的优点是能够利用四个方向的空间，但是，烹饪操作与移动需要必要的空间，因此适用于宽敞的住宅。

优点

● 即使是小房子也可以住得舒适。

● 厨房开放、通风良好、空间明亮。

● 可以享受在烹饪的同时与家人的交流，非常适合有儿童的小面积家庭。

● 家人也可以一起帮忙做饭，可以享受厨房聚会。

注意点

● 为了防止烹饪时产生的气味以及油烟扩散到起居室和餐厅，需要选用排放力强的油烟机。

● 选用能够抑制水声的水槽，运转声音小的洗碗机和油烟机，保证家人在起居室与餐厅交流与互动。

● 整合起居室、餐厅和厨房的室内空间，并扩充其收纳空间。

充分利用有限的空间，享受与家人之间的交流时光

这种空间的设计没有将客厅、餐厅和厨房明确分隔开，而是设计成一个整体的样式。

这种样式不会产生空间的浪费，而使三者成为一个舒展开阔的空间，因此，作为最近兴起的住房核心设计方案，开放式厨房的人气日趋渐长。

对于厨房而言，将I形厨房靠墙的设计是最节约空间的方案。根据起居室、餐厅及厨房的空间大小而定，设计成双面式或环岛式的厨房也没问题。在双面式厨房中，起居室、餐厅一侧的操作台上方安装挡板，水槽的水便不会溅落到餐厅一侧了，而从起居室、餐厅一侧也不容易看到烹饪时的动作。

控制了生活气息以及适度的空间连续性

厨房与起居室通过在墙壁设计的小窗口相连，从起居室一侧不会过多地看到厨房的内部，这也利于交谈。

厨房

使用了自然的原材料进行协调

铺设白色木板的厨房门口和大理石的地板，演绎出成熟而自然的室内空间。在厨房两端设计了不同方向的出入口，可以轻松实现洄游式的活动路线。

食库

LDK 21.8

空调

准备室4.3

为了使起居室和餐厅完美地包围住半开放式的厨房，设计了L形的空间布置。

Planning 02

半开放式
厨房

太田宅·茨城县

厨房的墙壁重新粉刷，营造出漂亮的、具有咖啡馆风格的厨房

半开放式厨房的设计要点

既能够看到起居室、餐厅的情况，又可以巧妙隐藏生活气息

在起居室、餐厅与厨房之间的墙壁上设计小窗口（取代阻隔空间的墙壁，在墙壁上设置窗洞），这是将起居室、餐厅与厨房适当分隔开来的设计方案。根据窗洞的大小，可以带来不同的独立性，也能够营造类似开放式厨房那样的空间连续感。

通过小窗口可以观望起居室、餐厅的情况，厨房设计一般是将有水槽的柜台面向起居室、餐厅设计。若在小窗户安装窗扇，厨房的独立性便更明显。另外，在小窗户的起居室、餐厅一侧设计一条操作台，便于在此用餐，也可以利用它上菜、整理，属于非常方便的设计。

<平面设计的案例>

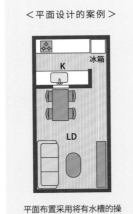

冰箱

K

LD

平面布置采用将有水槽的操作台面向起居室、餐厅的双面式设计，在厨房与起居室、餐厅之间的墙壁开设小窗户，通过小窗适当加强了厨房与起居室、餐厅的联系。

优点

- 厨房与起居室和餐厅既保留有适当的独立性，又保证具有一定的连续性。

- 通过小窗口，可以知道在起居室、餐厅的家人的活动情况，也能够参与到家人互动之中。

- 从起居室、餐厅难以看到厨房内部，可以隐藏尴尬的生活气息。

注意点

- 与开放式厨房相比，半开放式厨房做饭时产生的污垢不易传播到起居室和餐厅空间。但是气味和油烟还是会传播过去的，因此需要选择功率大的油烟机。

- 小窗口太小的话厨房的内部会很暗，所以需要注意窗洞口的设计。

- 通向厨房的入口选择带玻璃门比较合适。

厨房

厨房里也使用了非常心仪的木材

厨房的操作台面用的是聚氨酯涂层的合成板。炉灶后方的防护是6cm厚的铁板。转角的开放式橱架既可以装饰厨房杂货，又可以便于收纳。

省去框架，造型干练的出入口

厨房出入口设计像是将墙壁挖去了一部分。因为没有安装门框，给人很深刻的印象。地板的材质相应地做出了变化，起居室里使用了松木材质，而厨房使用的是瓷砖。

餐厅旁边设置了厨房，与厨房相连的空间为杂物间，从而缩短了做家务的移动路线。

封闭式厨房

Planning 03

S宅·千叶县

将起居室、餐厅及厨房分开设置，享受不同的氛围

封闭式厨房的设计要点

＜平面设计的案例＞

将起居室、餐室、厨房独立设置，在隔墙上安装推拉窗。根据需要，开关推拉窗可以相互连接每个空间或是各自独立起来。形成围绕着庭院的L形平面的话，可以打开很多窗户，采光和通风效果也会很好。

优点

● 能够安静地烹饪以及专心地收尾。

● 伴随烹饪产生的污渍、气味、油烟及噪音不易扩散到起居室和餐厅。

● 起居室、餐厅里隐藏了生活气息，能清爽舒服地享受空间。

注意点

● 因为无法与家人互动，烹饪时容易产生孤独感。

● 厨房狭小的话，容易产生闭塞感。可以将厨房门和内部装修采用明亮色调，同时，需注意采光和换气，考虑设置窗户。

● 若准备好餐车，将食物摆到餐厅的工作将会变得轻松。

让厨房和起居室、餐厅分离的设计适合不想让厨房里的生活气息外流的人、想专注烹饪的人以及正式公务较多的家庭。但是，如果厨房过小，会让人产生封闭压抑的感觉，所以希望厨房空间宽裕的话，封闭式厨房还是适合面积大的住宅。即便如此，对于狭小的空间，可以将厨房的门扇、地板及墙壁等的内部装修采用明亮的色彩，如此便会使空间看起来比较宽敞，安装飘窗也会增加宽敞感。

防止厨房里的生活气息外流，可以安静地烹饪

147

功能和设计都更上一层楼

最新厨房系统的
商品目录

厨房既需要追求实用,又要追求美观,每年都有推出的新产品。捕捉最新流行趋势,做出周到的选择吧!

两种颜色交相映衬的柜门给人以鲜亮之感,造型简约的把手和油烟机的组合方式强调横向简练的线型效果,打造出富有时尚感的厨房。(I形厨房的宽度为274cm/¥179万)

Kitchen 01

TOTO

CRASSO

深入研究人和水的动向, 提高使用效率, 达到节水目的

研究烹饪的流程和人的活动, 让厨房可以得到有效使用, 并实现环保节能。收纳既需考虑方便拿取需要的物品, 又要考虑更好地储存整理。因为设置了正面较宽的出水龙头和排水性好的水槽, 出水、排水都很快, 也就能实现节约用水的目的。这些物品布置可以考虑靠墙式, 双面式、环岛式等形式。

TOTO DAIKEN YKKAP
东京
东京都涩谷区代代木2-1-5
JR南新宿大楼7F、8F
☎10:00～17:00
休星期三
www.toto.co.jp

零碎的工具等物品
可以放在水槽前的抽屉里

以放置小工具为目的的口袋型收纳空间,确保能在需要时方便拿取使用。

拿取调味品动作快、流线短, 让调味和烹饪操作变得便捷、有序

拉出用于烹饪的多层抽屉, 能同时将需要回收的物品方便归回原处, 让烹饪调味的过程变得高效。

选择花洒般的宽型水龙头清洗物品,防止水资源浪费

宽型水龙头洗大锅时非常方便, 而排水性能优秀的水槽保证排水流畅, 水槽内部宽敞好用。

隐藏烹饪状态的
高背板式操作台

以米白色为基础，强调深红棕色的时尚开放式厨房。(I形厨房的宽度为257.8cm/¥2419725)

高背板内侧空间安装了案板支架和调味品的架子等。

YAMAHA LIVING
新宿陈列厅
东京都涩谷区代代木2-11-15
东京海上日动大楼1F
☎ 03-3378-7721
🖷 10:00～17:00
休 星期三
www.yamaha-living.co.jp

充实的收纳空间和料理操作台，使用方便

操作台宽度达50cm，就算是大型微波炉也足够使用。折叠式的吊柜即使在打开状态也方便使用。

Kitchen 02

Yamaha

Toclas Kitchen Berry

能够创造个性化的厨房，使用丰富的色彩变化

独创的人造大理石操作台面共有10种颜色。门扇也采用了日本传统色彩，共计有114种颜色的镜面涂装门可供选择。高背板的操作台使得双面式厨房更舒适，其中高出部分的内侧也采用了人造大理石材质并与操作台连在一起，便于清洁打扫。

在米兰，这款半岛型厨房安装了未经过细致加工的木纹柜门。(I形厨房的宽度为259cm/¥1964445)

时尚而又好用的厨房

墙壁一侧收纳了食品和餐具等物品，整体为简约风的收纳与操作台。

CLEANUP新宿陈列厅
东京都新宿区西新宿3-2-11
新宿三井大楼2号馆1F
☎ 03-3342-7775
🖷 10:00～17:00 休 星期三
www.cleanup.jp

大容量抽屉式的全滑动收纳柜

可收纳的空间直至脚下，全不锈钢制轨道可以保证最大限度地拉开柜子，将物品收纳至最内侧，也能方便拿取物品。

Kitchen 03

CLEANUP

CLEANLADY

结实、易清洁的不锈钢橱柜

在用水、排水的地方最适合使用不锈钢橱柜，因为不锈钢材质可防水、防热，且不容易生锈或附上味道。不锈钢清洁起来简单且经久耐用，是再利用率极高的环保材料，利于保护环境。从一般橱柜到吊柜，功能性超群的收纳商品种类丰富。

令人印象深刻的设计是不设把手的简洁柜门以及保证脚下的采光与通风。
（I形厨房的宽度255cm，参考价格：¥1328775）

LIXIL陈列厅东京
东京都新宿区西新宿8-17-1
住友不动产7F
☎03-4332-8888
⏰10:00～17:00 休星期三
showroom-info.lixil.co.jp/
tokyo/lixil_tokyo/

装配式组合方式，装卸非常方便

框架是坚固的铝合金材质，更换零部件时，螺纹孔不易损坏氧化，能够保证方便装卸。

维持性强的
框架结构厨房

铝制框架构造的厨房橱柜具有做工高度精细化和经久耐用的优点。因为是装配式组合安装方式，即使厨房布置完成后，也可以随意更换柜门、抽屉等。其魅力还在于将来可将炉灶和洗碗机等再更换成最新的产品，保证长时间舒适地使用。

这款环岛式厨房实现了以家人、朋友聚集互动为主的居住中心的作用。环岛式厨房宽度为274cm。（¥2864505）

安装了先进机器的
舒适厨房

排气罩可从侧面喷出空气进而有效地收集油烟及气味。

NORITZ东京陈列厅
东京都新宿区西新宿2-6-1
新宿住友大楼1F
☎03-5908-3983
⏰10:00～17:00 休星期三
www.noritz.co.jp/

从最初的准备工作到最终的收
拾整理，顺利完成全部烹饪工作

"TATEWAZA BOX"的设计实现了站立时能方便取出调味料、刀具等物品。而分槽式水槽可以保证将锅轻松放入以及沥水用的两个空间，实现高效率的操作模式。

在客厅和厨房之间设置了"智慧型双面式操作台"。环岛式厨房宽度为262.8cm，参考价格为¥191万。

PANASONIC LIVING SHOWROOM 东京
东京都港区东新桥1-5-1
☎ 03-6218-0010
🕐 10:00～17:00
㊡ 星期三
sumai.panasonic.jp/kitchen/

背板被赋予新功能，提高了生活品质

新开发的"智慧型双面式操作台"设有环保型的电磁炉和大容量的收纳空间，具有清洁简单、节能性能佳的优点。

Panasonic

Living Station

增加了环保功能与新型设计方案，厨房更为舒适

除了节水性优良的水龙头外，还增加了环保导向功能的IH电磁炉和洗碗机等，厨房机器的节能性不断上升。"智慧型双面式操作台"的创新之处体现在，在阻断望向厨房视线的背板中，安装了LED照明和家电用插座。

橱柜侧板和柜门的材质相同，无论从什么角度看，都是赏心悦目的环岛式厨房。环岛式厨房宽度244cm（CL系列，实物与图片存在差异），参考价格为¥81万。

TOYO KITCHEN STYLE 东京
东京都港区南青山3-16-3
☎ 03-5771-1040
🕐 10:00～19:00 ㊡ 星期三
www.toyokitchen.co.jp

富有立体感的、可立体式使用的、跨时代的3D水槽

专用板可调节高度，具有方便摆盘、倾倒杂物、隐藏污秽等多种使用功能。

TOYO KITCHEN & LIVING

BAY

以"零活动路线"为开发主题，现代风的设计也备受好评

开发设计的主旨是为了实现高效率的烹饪方式，其中不可或缺的便是需要追求快捷便利的活动路线。这款操作台和以前的商品相比，台面长度变短，但进深变得更为宽敞。在减少了左右活动路线的同时，确保充分利用到烹饪操作台的每个空间。抽屉式的收纳部分，满足使用者能以舒适的姿势方便地拿取到所需的物品。

体现天然木材的手感，属于简单式厨房，追求满足基础的使用功能。

定制厨房讲究多功能的需求及艺术性的平面布置。这款厨房属于半定制化的标准型商品，其材制和操作台的形式繁多、种类丰富。

根据生活方式和喜好，创造出最舒适的厨房

受欢迎的家具商店里的定制厨房可分为三类：第一类为能够自由设计的特制型商品；第二类为可选择推荐材质、机器等的标准型商品；第三类为规格化的基础型商品。

FILE KITCHEN&RENOVATION
东京都目黑区中町1-6-12 1F
☎03-3716-9111
營11:00～19:00
休星期三、星期四
www.file-g.com

照片展现了起居室、餐厅和厨房的全景像，设计实现了厨房作为朋友聚会、家庭中心的作用。墙壁上也设置了充足的收纳空间。

厨房与饭桌相连的设计

长度为4米的一体型餐桌。为了削弱不锈钢材质的厚重感，采用了简洁、干练的设计。

在宽敞的起居室、餐厅、厨房中安装了纯白色的环岛式厨房。微波炉、冰箱等布置在墙内的收纳空间内，门扇为胡桃木材质，与白色形成对比，显得十分漂亮。

创造一个作为生活中心的舒适厨房

定制厨房让人能心满意足地过日子，以"因为是待的时间最长的地方，所以才要舒适"为主题。女性职员从厨房使用到设计方面，都给了我们详细的建议。

LIBCONTENTS SHOWROOM
东京都目黑区1-12-3太田大楼1F
☎03-3719-5738
營10:30～18:00 休星期六
www.libcontents.com

Part 8

展示的
基本课程

展示自己喜爱的物品与整理、排列展品存在很大的区别，除了调和材料、质感、形式及颜色，能够点缀空间的展示设计是丰富生活的调味剂。

听取多种建议，演绎和谐的展示效果

让展示感觉舒适的 5种技巧

仅放置在一处，称不上展示陈列。居住在纽约的上野朝子女士为展示设计提供了基础技巧。

Point 1

将相同的物品、具有共同特征的物品整理归类，并排展示其相同性与连续性

打算用作装饰的商品如果只有单件，难以构成整个画面，但如果将几件排列在一起，便可以展现出物品的时尚感、艺术感。

这是商业空间里常用的陈列展示技巧，适合初学者。并排展示的物品建议选择造型简约者。

连续放置的玻璃瓶展现出时尚感

虽然玻璃瓶的形状不同，但透明的质感以及尺度大小相近，装饰排列在一起，演绎出新的空间气氛。

窗边展示了5个同色系的蜡烛杯子

窗边陈列的是紫红色蜡烛杯子，色彩鲜艳，营造出热情快乐的空间氛围。

不主张单件，那就多放置几件物品吧

柜子上放置了几件芒果树木材做的碗。与其陈列单件物品，不如将相同的物品排列展示，扩大连续性与存在感。

使用了托盘，展示效果明显不同

右侧照片感觉仅仅是物品放置在一起，材料、颜色也不统一，呈现出凌乱的印象。左侧照片使用了托盘收纳和陈列，空间立刻变得别致、精彩。

使用了托盘，组合构架后好似孕育了一个新的世界

上方照片为日常所用的物品简单放置在了一处，根本谈不上陈列展示。下方照片使用了漆器的碗与盘子进行组合构架，令人看到了另一个世界。

比起在房间的各处凌乱地陈列装饰品，倒不如使用托盘限定装饰品，营造合理的展示效果。上方的照片案例中，将装饰的物品收集在托盘上，营造出一处托盘中的小世界，因而突出展示物品，像艺术品一般。

组合构架的目的是排除单件小物品展示、摒弃或是随意放置在空间内呈现出的凌乱效果。多样的生活物品通过组合构架，表现出不一般的展示效果。每天都能使用这些令人赏心悦目的物品才是舒适、愉快生活的标志。

Point 2

使用托盘、组合构架

突显物品的特殊

使用"破坏"技巧可以产生动感

下方照片中的陈列虽有对称的影子，但占地排列冗长，缺乏变化，感觉比较乏味。上方照片将物品统一收纳在一小块地方，变成了一处具有动感的展示区。

左右对称的装饰手法是陈列展示的基本技巧。但是严格按照这种技巧布置的话，将呈现出犹如商业陈列室一般的生硬感。所以，建议有意识地使用左右对称的技巧，在统一的基础上，使用"破坏"的手法，尽量按材料、色彩等打散构图，表现出展示的个性及其物品陈列方式的动感。

上方照片中，"山"状部分为构图的中心位置，左右两侧为相同种类的物品，因此确保了对称的法则。物品形状不同，随着观赏角度的变化，自然触发了"破坏"的开关。作为点缀的3本书、3块大小不一的石头与3只不同形状的花瓶，组成了以"3"为展示主题的陈列效果。

Point 3

明确对称构图的同时，
再尝试『破坏』它

设置对称式的台灯也能提升统一感

置物柜上方放了许多照片，颜色、材料都各不相同，在其左右两侧有意识地设置了两台台灯，对称式的构图使得整个空间统一。

橙色使得展示效果突出、
引人注目
同色系构成的空间如图所示,虽然整体效果统一,但缺乏张力,无法聚集视线。

鲜艳的黄色引人注目
整体色彩统一在浅色系中搭配鲜艳的黄色,顿时提升了展示效果。点缀色可以丰富空间,也能统领空间色彩。

同色系构成的室内空间也许整体感觉比较平淡,缺少张力。若是从展示用的小物品中,挑选出一些颜色明显的对象,组合搭配成引人注目的展示角。颜色选择可以考虑结合季节性或是个性搭配。

使用字母 A 装饰的案例如左图所示,书籍作为陪衬色挑选了橙色,令人的目光直接聚集到了展示物品上。总体而言,在色彩变化均一的空间内,选择鲜艳、富有生机的颜色点缀,整体陈列效果明显。

Point 4
尽可能突出点缀色,营造聚焦视线的角落

创造身处交通空间还是坐在椅子上才能看到的空间? 随着视线角度、高低的变化,应当考虑与之相匹配的展示方法。

在右上方的照片中,比视线略低的下段隔板上,从视线角度看过去能保证平整的物品布置状态。与视线等高的上段隔板上,前方布置了矮小的物品,而后方布置了一些高窄的物品,如此显得空间具有深度感。另外,比视线略高的位置尽可能留白,使得空间干净、清爽。

Point 5
关注观赏视线,善于利用空间

视线高处留白,将物品集中放置在视线中间,使得空间整洁、清爽

如下图所示,小型的生活杂货满满地排列在一起,感觉比较凌乱。将体量较大的 2 个小抽屉靠近摆放,营造整体空间的不安定感,同时有意识地突出墙面的留白。

157

装饰范围与线条

照片与艺术品的
展示方法

在墙上装饰照片或艺术品时,需要掌握一些必要的技巧。如果能够把握这5种基本技巧,即便采用混搭的设计方法,也能设置出可观的效果。

即使裱纸搭配不同尺寸的绘画也可以统一
为了与下段的绘画作品相配合,上段的绘画附上了A4的裱纸,整体的边线整齐,具有统一感。(矢野宅)

将多数照片按统一的边线排列变为1张作品
与装饰墙的面积相符合的尺寸范围内,连续展示家庭照片,上下左右都对齐,看上去犹如一整幅大型作品。(K宅)

确定基本装饰范围、边线,沿着这些参考线放置画框。例如,确定上下排照片最外围的边线,或是留白的空间尺度,以边线或余白为参照基准布置陈列。即使照片的尺寸和形状不统一,但如果边线统一的话,整体看上去将会比较整齐。

Technique
1

对准画框两侧或者上下边线

同一尺寸的照片横向排列,上下边线对齐
同一位艺术家的两件作品挂在卧室墙上,由于单件作品的尺寸比较大,所以仅仅将它们横向放置,使上下边线对齐,便能展现出空间整洁的高级感。

展示多张不同尺寸的照片时,以照片中轴线为基准展示成一列也未尝不可,表现出时尚、有序的感觉。结合空间,将心仪的作品展示为纵横交错的效果也是一种非常有趣的选择。

即使有许多张照片,但按照中轴线基准法布置,统一感随之产生

尺寸、形状不尽相同的照片若想要实现良好的展示效果,可以采用横向排列的方法。不管有多少行,对准中轴线便能展示出高级的效果。

小型作品依靠中轴线布置排列,提升空间的艺术气息

尺寸不同的小型作品同样采用对准中轴线排列的方法可以增加空间的艺术感。

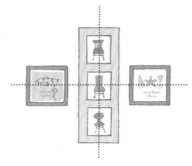

向来访者视线望去的地方演绎有趣的展示

起居室沙发上方的墙壁上挂着略微大型的正方形照片,与小尺寸的相片共同组合成一组有趣的陈列。充分考虑来访者的视线,营造时尚、流行的展示场所。

先决定展示用的墙壁范围以及在此范围中的展示中心线,然后将照片或作品按这条中心线左右交错布置。对于初学者而言,从尺寸相同的物品开始练习将会比较容易掌握展示的平衡。

即便左右交错排列,也得凝练主题,营造统一感

将猫和狗的照片处理成黑白状态打印后,左右交错,如同夹杂着中心线一般布置,纵横交错的展示活力四射。(平林宅)

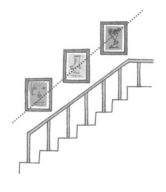

相对展示空间比较宽敞的楼梯是展示照片、作品等物品的理想空间。可以利用楼梯的动线走向,斜向设计照片的中心线。与楼梯平行的中心线既展现出统一感,又能展现出韵律感。

Technique 4

沿着楼梯的墙面,布置成楼梯状斜线的展示

斜向装饰的同时,统一照片之间的间隔空间,从而提高平衡感

楼梯的墙上展示家庭照片,虽然相框材质不尽相同,但由于斜向的中心线,相片之间的间隔尺度相同,整体感觉统一和谐。

书架上设置心仪的相片,
两者统一在一处毫无违和感

书架上集中了有关设计、美术等一定数量的外文杂志,给人感觉十分知性。由于书架的缘故,相片下方的边线处理得清晰、明快,赋予了空间整洁、秩序的印象。

家庭照片通过设计师款的时钟、
椅子得到充分演绎

家庭照片设置在时钟与椅子之间,充分演绎出整体空间的时尚感、稳重感、平衡感。(佐藤宅)

在照片下方放置家具,如橱柜、沙发、办公桌等可以增强展示空间的完整性,艺术与家具互相衬托彼此的魅力,展现出空间的平衡感。

当选择椅子、小物件等家具搭配时,建议将其移动至展示空间,反复确认它们与照片、艺术品的颜色、尺度是否和谐,是否平衡,整体是否统一。

Technique 5

下方设置椅子、橱柜等稳重的家具

Part 9

方便使用的
收纳方法与
物品分类的技巧

收纳，不是指将物品全部整理在某一固定处，而是方便个人整理、取出使用的一种生活方式。

本章按照物品类型的不同介绍5种基本的收纳方法。

收纳的第一步是将物品按种类进行分类整理，然后决定物品使用的场所，保证物品取用和收纳方便。以一个场所放置一种类型的商品为佳。

杂志

常读的杂志轻松地放在沙发旁

沙发旁放置了皮革制的手提篮，将常读的杂志放在里面便于拿取，打扫时也可以轻松地随时移动。(S宅)

鞋子

只放自己喜欢的鞋子

喜欢的鞋子属于多次使用的物品，因此，为了方便拿取，应结合鞋子的尺寸亲手打造开放式鞋柜。(仓崎宅)

宠物物品

挂在梯子上，一眼就能看到，便于选择

将梯子竖靠在玄关边，便于收纳牵绳、项圈等杂物，构成特别的装饰角，别有韵味，同时又方便拿取物品。(羽根宅)

料理书籍

将料理书籍收纳在合适的位置，需要时立马拿取

料理书籍是厨房内使用的物品，所以收纳在物品杂乱的吊柜内难以使用。将所有的菜谱、料理书籍放置在同一处，便于选择与拿放。

信件、书籍

安排临时放置场所，每月整理一次

预留两处抽屉，放置某段时间内需要回复的信件。因为这些信件具有一定的时效性，便于确认与拿取。

宠物物品

带宠物散步时所用地鞋子、食物点心等小物品可以收纳在玄关。在玄关处放置几个大小不一的搪瓷缸，美观又方便。(O宅)

**使用木盒将物品收集
在一处,并隔开分类整理**

文具分类整理后收纳在复古的木质工具盒内,将细小的东西分类后放在特定位置便会容易取放。(B氏)

**最为迅速的是
使用S形吊钩悬挂**

S形吊钩安装在排气罩边上,将常用的平底锅等锅类器具收集在一起,并悬挂起来。这种开放式收纳能够便于自然干燥。(田村氏)

**将每天都使用的东西
收集一起后放在木箱里**

将常饮用的茶叶和咖啡豆装入玻璃瓶里,收集在木箱里。整理茶滤和茶匙,将同类的东西放在一处。(村野氏)

**最好是放在洗脸台旁边,
用篮子盛放并竖向收纳**

把淡紫色盒子放在洗脸台旁,橱柜中放置金属篮子便于收纳毛巾,站着也能轻松取放毛巾。(Y氏)

**厨房开放式储物架的设置需考虑
收纳物品的使用频率及其重量**

需要优先考虑如锅、搅拌机、放米的玻璃缸等重物可以方便取出、放入,因此放置在储物架第二层的固定位置,其上层放置篮子,可以收纳塑料袋等小物品。(笠井氏)

**将每天使用的连指手套和过滤
器挂在炉灶上面**

连指手套和咖啡沥干杯是每天在炉灶周围使用的东西。不要收在抽屉里,为了马上能够用到,应挂在炉灶的旁边。(江川氏)

隐藏外表杂乱的物品，
展示自己心仪的物品

壶类

将形态优美的烹饪物件摆在架子上，既作为装饰，又是收纳的一种方法

月兔印的珐琅壶、名牌的陶壶、陶艺大师大沼道行所制的茶壶等，无一不是形态美丽的物品，而且都是白色的，因此不如选择开放型的收纳方式。(村野氏)

曲奇模具

因为喜欢点心糖果，才把这些点心模具作为装饰品收纳

对于一些可爱的物件，将它们都收纳在柜子里反而比较可惜，为了吸引人们的目光，将它们放置在开放式的置物架上吧。使用时一眼就能看到，想象力也就随之迸发了。(芦田氏)

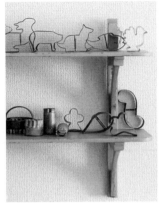

传单广告、信件

将一直留意的传单、打折广告放置在醒目的固定地方

将刊登了想参加的活动、促销打折的传单广告、需要回复的重要信件等放置在醒目的地方才能令人心安。把这些放在铁丝架上，这样也可以让它们成为一副装饰画。(松家氏)

玻璃杯

将一块亚麻布盖在玻璃杯上方，干净又防止落灰

每天都要使用的玻璃杯应放在离水槽和冰箱都较近的置物架或篮子内，在上面盖上了一块亚麻布，不仅防止落灰，提高清洁性，又能隐藏杂乱的部分，显得整洁。(村野氏)

厨房台布

采用开放式收纳，将心仪的台布放进篮子内

漂亮的台布整理后放置于篮子里即可。将台布折叠后卷起后竖着放置，给人带来清新之感。(M 氏)

文具

将琐碎品整理在复古的铝制小盒内

可以灵活地将便签、橡皮筋等小物品收纳在复古型烤盘或较小的果冻盒内，对于办公类的物品也可以按此方法收纳，赋予其温暖感。(U 氏)

将刺眼的颜色和多色的东西放入箱子或篮子里，并用一块布覆盖隐藏起来，这样放会使它们成为室内空间的一部分，既可作装饰，也是收纳的一种方法。

收拾零碎物品时需活用抽屉、筐子及箱子，并将它们分类。按照不同种类安放，便于后期拿取及整理。事先在内部标注好收纳内容，家人也能清楚知晓收纳的地方。

玩具

儿童房的标签是可爱的插画

儿童房设置了开放式置物架。收纳文具的盒子上作了铅笔记号，在收纳布偶的盒子上使用了小熊的记号，让儿童也能享受收拾整理的方法便是用插画来表示。(S 氏)

文具

根据彩笔种类不同，用玻璃杯分类整理

彩笔有多种类型，先按种类进行整理后，将笔立放在玻璃杯中，后期便会很快找到。若分成冷、暖色，外观上也非常漂亮。(B 氏)

手工材料

看起来很可爱的物品可以用透明玻璃容器进行分类

将手工制作的素材和蜡烛等美丽的小物件分类后放进玻璃容器中收纳吧！玻璃制品的内部一目了然，收纳效果超群。(B 氏)

玩具附属品

容易丢失的物件放入已分隔好的盒子中，一目了然

玩具的附属品零零碎碎的，不小心遗失的话，孩子便会大闹。比起简单的盒子，用分隔好的盒子大致整理一下，找起来也很轻松。(S 氏)

餐具

用盛物盘将抽屉空间分割活用起来，每次拉开时都不会乱

在抽屉中放有餐具、保鲜膜、橡皮筋等，使用各种尺寸的树脂盘子或盒子组合，进行分类。抽屉内部便不会因晃动而变得凌乱了。(村野氏)

遥控器

用木牌在筐子中间装个标签

客厅杂物较多，遥控器和文具等物件就收纳在筐子里，用布将筐子盖上。上过色的木质标签牌与筐子的风格很相配。(Y 氏)

塑料袋

**选择与厨房风格相应的
自然风的袋子收纳**

自然风格的厨房内，将使人烦心的塑料袋揉成团放入麻制的袋子中，便能和天然材料的麻制品融为一体了。（村野氏）

耳机

**和室内风格相协调，
选择亚洲风的篮子**

对于想看CD、DVD时使用的耳机，途中读到的报纸、杂志等物品的收纳，亚洲风的篮子绝对是好评如潮。它与室内空间的整体风格也相协调。（S氏）

印章、卡

收纳在与置物架尺寸相当的篮子内，抽拉拿放

位于玄关的开放式置物架上选择了六个尺寸一致的藤筐，做成了抽拉式拿放的形式。筐内放入积分卡、挂号证、快递用的印章等物品。

食材

**抓人眼球的厨房操作台上，
仅限于舒适的颜色**

厨房操作台上放置着钢丝篮，篮中盛放了一些蔬菜。而玻璃罐中盛放了米、谷物等粮食，诸如此类，操作台上仅限展示一些自然食材。

材料

**用黑色的硬纸盒和铝罐等
作为墙壁上的收纳**

为了统一收纳载体的外观，建议使用无印良品多型号的硬纸盒及铝罐等，外表看似冷峻，却是空间的亮点。（M氏）

文件

**选择温和、不张扬的茶色盒子，
显得清爽舒适**

宜家单价80日元左右的文件盒与电脑旁边的文件属于同色系，将它们一同整理收纳，茶色系与桌子的颜色也非常协调。（O氏）

要让房间看起来很整洁，需要将空间留白。比如说，就算很喜欢，装饰过度的话，房间看起来也会乱七八糟。因此需要避免这种做法。重要的是统一物品的色彩和材质，调节它们的平衡。

将洗涤剂装入漂亮容器内

包装太过花哨的洗涤剂反而会过于显眼,将洗涤剂移装进带有茶色瓶盖,形式简单,与室内装饰风格相协调的瓶子里。(横田氏)

将调味品装入玻璃瓶中,一目了然

将砂糖、芝麻及调味用的鱼干等调味品装入放置在开放式置物架上的透明玻璃瓶内,如果统一使用玻璃瓶的话,也能一眼看见瓶中调味品。(村野氏)

对于悬挂式收纳的烹饪道具,可以统一为银色系

对以常用为前提的不锈钢材质工具而言,若要悬挂在横杆上,便需要统一为银色或是一种其他颜色,如此丝毫不会显得杂乱,也方便直接使用。(江川氏)

白色架子上仅限白色或米色的毛巾,控制颜色显得清爽整洁

白色置物架上仅限放置白色或米色的毛巾,控制颜色可以保证整洁清爽。另外,将吹风机和发蜡放进带有盖子的篮筐中,采取隐藏式方法收纳。(贝贺氏)

将收纳工具统一整理放置在门后使得空间简洁干净

储藏室的门一般情况下总是处于关闭状态。如果使用无印良品的收纳系列产品,开启时看起来也非常整洁美观。(S氏)

外放的烹饪工具根据材质和颜色进行统一整理

属于常用的烹饪工具可根据不锈钢制、木质或是白色等进行统一整理。即使形态各异,但由于材质与色彩统一整理之后便会产生一种不可思议的协调感。(村野氏)

167

化妆品

**将陈旧的柜子改造成
洗脸台的置物柜**

选择较大的柜子安装上隔板,
改造成适合狭窄洗脸台上的置
物柜。同时,需要有展示的意
识,放置常用的物品。(K宅)

厨房用纸

**操作台下方设置隔板,
增加常用位置及空间**

厨房操作台的下方安装上隔板,有
效利用这处空间,因为是开放式空
间,所以可以存放厨房用纸等使用
频率较高的物品。(S宅)

书

可利用书架分割房间

卧室的床与其他放松空间之间可
以使用书架来分割,书架不设背
板,便于从两侧都可以拿取书籍。
(U宅)

卷筒纸

**卫生间的顶部作为
卷筒纸的收纳空间**

卫生间空间多受到限制,面积
狭小,因此可以利用其上方空
间,收纳卷筒纸。因收纳柜深
度较浅,对整个空间的使用不
会产生不便的影响。(K宅)

床单

**放在床下方的盒子内,
形成抽屉式的收纳方式**

可以活用床底部的空间。使用塑料
置物箱,将床底变为易取易收的抽
屉式空间,收纳床单等物品。(O氏)

书

**将墙壁设计成凹凸形状,
变身为收纳架**

利用窗户水平方向凹入的墙壁,营造
为一处别致的书架。书架与房间融为
一体,如同家具一样存在。(S氏)

Rule
5

有效利用空间有助于
提高收纳容量

建议不要完全按照固定的收纳方式和已有的收纳橱柜去
整理生活物品,而应发现、改造既有的空间,将其变身为
个性化的收纳空间。

168

Part 10

简洁易懂！
室内设计用语字典

为了使读者更深入地理解室内设计，本章总结了常用的室内设计专业用语。

从设计师椅到古董家具的基础知识、材料、照明、门窗等，采用插图的形式方便易懂。

家具

❶ 设计师椅

包豪斯时期

能够诞生新设计的要素有三：时代变迁与思想转变、新材料的出现和技术的进步。19世纪，随着矿山开发技术的进步，造船、铁路、建筑等出现，并开始使用钢铁材料，并逐渐普及到各行各业，椅子的结构材料也毫不例外。为此，椅子出现了木材无法实现的构造与形态，逐渐拓展了其设计的可能性。而实现这些可能性，造就当时设计界翻天覆地转变的便是包豪斯。

扶手椅B64
(Marcel Breuer,1929年)

设计采用犹如漂浮在空间的悬臂结构，座面与靠背使用木条、藤条，造型简约。这件作品在世界范围内广泛生产，之后，更被Breuer的养女亲切地称为Cesca。

瓦西里扶手椅
(Marcel Breuer,1925年)

Breuer设计的第一把钢管椅，这是为了包豪斯的教授瓦西里而设计的作品。据说，设计灵感来源于当时拥有先进技术的Adler公司的自行车把手。

沙发LC2
(Le Corbusie,1928年)

勒·柯布西耶作为建筑师赫赫有名，他主张家具也是建筑的一部分，因此他设计的家具作品数量众多。柯布西耶的这件作品使用了钢管作为支架，由5块方垫构成了整个沙发。

巴塞罗那椅
(Mies van der Rohe,1929年)

这是密斯·凡·德罗在1929年巴塞罗那世博会德国馆中，为了当时到访的西班牙国王而设计的作品。作品造型现代又富有高级感，与展览馆空间气氛也相互协调。密斯·凡·德罗的设计主张反映在他的至理名言上——"少就是多"。

悬臂椅
(Mart Stam,1933年)

由Stam设计的第一把悬臂椅。悬臂指虽然仅有一半的构造，没有后腿支承，却能保证椅子可以承受全部的重量。设计通过弯曲一整根钢条成形，造型新颖、令人注目。

Key Word

包豪斯

包豪斯以建筑师格罗皮乌斯为中心，1919年在德国魏玛创立的造型艺术学校。该校以德国工业为背景，探索适合当代生产形式与生活方式的艺术方案，提出了设计简约、商品量产的新思潮。在椅子的设计领域内，有关钢管的作品不断出现。由于受到纳粹的迫害，包豪斯仅仅存在了14年短暂的历史便被迫废校，但它为后世的发展奠定了坚实的基础。

阿尔托凳
（Alvar Aalto，1932年）

Stool E60长久以来受到芬兰民众的喜爱，是阿尔托的代表作之一。这张凳子是为维普里图书馆所设计的，使用了芬兰产白桦树胶合板。凳腿将木材弯曲成L形，为此也获得了专利。阿尔托凳造型简约、重量轻，又便于叠放，是一件实用性显著的优秀作品。

45号椅
（Finn Juhl，1945年）

芬·居尔的45号椅子被评价为犹如一件雕刻作品。这把椅子座面的垫装胶合板呈现出犹如浮在空中的错觉。也许是由于芬·居尔的作品过于独特，最初在他的祖国丹麦并没有被认可，到美国受到好评后才闻名于世。

20世纪中叶

20世纪50年代至60年代是椅子设计的黄金时期，在世界各地都诞生了杰出的作品。这与第二次世界大战有着密切的关系。在第二次世界大战中，生活变得拮据，战后人们的眼光锁定在日常生活用品上，椅子理所应当地成为关注对象。此时，新材料如塑料、聚氨酯等的出现也促进了椅子设计的新发展，也诞生了新型的木材加工技术。

天鹅椅
（Arne Jacobsen，1958年）

这是雅各布森为自己设计的哥本哈根SAS皇家酒店量身定制的椅子。这把椅子采用硬质发泡聚氨酯制作，造型犹如天鹅展翅的效果。问世时，它完全打破了人们对椅子造型的一般认识。作为北欧现代设计的先驱者，雅各布森拥有举足轻重的历史地位及影响。

Y形椅
（Hans J. Wegner，1950年）

汉斯·瓦格纳设计的这把椅子世界闻名，吸收了中国明代家具的特点。Y形椅的购买量超过50万把，位居椅子销量榜首。汉斯·瓦格纳曾经在雅各布森的事务所任职，独立后，开发了许多自己的作品。

蚁椅
（Arne Jacobsen，1952年）

这是雅各布森为诺沃制药公司的员工食堂所设计的作品。因消除了椅背局部，椅面与椅背三维曲面一体成形。当时，胶合板虽已问世，但蚁椅却是第一件实现了座面与椅背一体成形的设计作品。雅各布森偏好三条腿的蚁椅，在他辞世后，又开发出四条腿的新形式。

胶合板

椅子的历史也可谓是尝试将木材弯曲的历史。在索奈特设计了曲木椅之后，20世纪50年代至60年代出现了胶合板。木材被切割成纸片状后，通过黏合再弯曲成形。最初，大量使用这种新技术的是阿尔瓦·阿尔托，之后伊姆斯利用美国的新技术、新材料，实现了三维曲面。而塑料的胶合剂与高压胶合技术的发展，使得这种曲面的成形更为自由。

这时期的北欧

在北欧，19世纪30年代后半叶，新功能主义运动围绕"优美的日用品"这一关键词蓬勃发展，关注点着眼于日常使用的物品、家具的品质，尤其在丹麦，诞生了很多世界闻名的椅子。

伊姆斯椅
(Charles&Ray Eames, 1950年)

伊姆斯椅的座面、靠背及扶手是由一张三次元的曲面构成的一体化设计。当初，它的设计以价格经济、坚固耐用作为出发点，现在存在多种类型的系列商品。Charles&Ray Eames的影响还涉及手工艺、电影以及建筑设计领域。

这时期的美国

在美国诞生的椅子多为造型独特、富有个性的设计。使用塑料、聚氨酯等新材料，还有将木材三维弯曲成形的胶合板，因此，在当时实现了难以制作的自由形态、宽阔的曲面以及鲜艳的色彩等。

棉花糖沙发
(George Nelson, 1956年)

棉花糖沙发仿佛是美国波普艺术的作品。由18个圆形靠背、坐垫并排的设计意外地受到世人的宠爱。George Nelson作为HermanMiller公司的设计总监工作了20余年，在此期间成功招募到了Charles Eames等一流家具设计师。

Lounge Chair & Ottoman 伊姆斯躺椅
(Charles&Ray Eames, 1956年)

被誉为是象征现代设计的作品，这把躺椅是受电影导演比利·怀尔德所托设计的家庭椅子。椅子符合人体工学，能够完全承托身体曲线和重量，被柔软的皮革包裹住的感觉便是幸福。这种奢侈品虽然量少，但HermanMiller公司至今仍在生产制造。

郁金香椅
(Eero Saarinen, 1955年)

最初是为了减少桌子下方的桌腿数量而产生的设计灵感，这件作品如一朵鲜花一样绽放，美丽大方，也常与伊姆斯椅相互比较，但它的优点毋庸置疑在于优雅的细节。Eero Saarinen出生于芬兰，13岁前往美国，设计了纽约肯尼迪国际机场。

圆形藤椅
(剑持勇, 1960年)

圆形藤椅是为新日本大酒店的酒吧休息室设计的，并请教了藤艺匠人后才制作而成。这是日本家具首次被纽约近代美术馆收藏的作品。之后，由剑持勇设计的、数量众多的工业设计作品得以广泛推广。

这时期的日本

日本设计师们通过与布鲁诺·陶特、夏洛特·佩里昂、查尔斯·伊姆斯等海外设计师交流，丰富了对椅子设计的认知，并提高了椅子的生产技术。因此，也先后诞生了许多结合了日本产的材料、技术、文化的优秀设计作品。

蝶形椅
(柳宗理, 1956年)

这件作品作为日本家具的杰出代表，也被纽约近代美术馆收藏。由2张曲状的合成板组合而成的结构犹如蝴蝶展翅一样。除此之外，柳宗理的作品也涉及了许多公共设计领域。

低座椅
(长大作, 1960年)

因座面较低，入座时，需伸腿。在松本幸四郎府邸时，长大作受托在日式房间设计一把舒适的椅子，基于此种情况，最终才诞生了这件作品。长大作在柯布西耶的学生坂仓准三的建筑事务所内担任家具设计师一职。

鸟居凳
(渡边力, 1956年)

这件设计作品颠覆了传统的流畅、温和的藤制家具。在1957年第11届米兰国际美术工艺展荣获金奖。售卖初期的50年内都属于畅销产品。渡边力在SEIKO的手表、王子酒店室内设计等领域的活动也非常活跃。

莎克椅

莎克从英国基督教贵格会分立而成,其教徒在英国国内受到迫害后,18世纪迁居至美国东北部。为了推行其教义,建立了自给自足的生活共同体——莎克村。以"手为工作,心为神灵"严格的自我戒律为精神基础,莎克教徒为自己的日常生活制作了质朴的莎克椅。其靠背设计以梯状形式为基础,座面为了舒适度考虑,设置了柔软的棉制条带状方形编织物。

温莎椅

诞生于英国约克郡地区的椅子。温莎椅缘于农民伐木后,为自家使用而制成的家具。这与当时王侯贵族的家具风格不同。初期的温莎椅的设计无多余装饰,且节约原料、结构坚固,之后经过长期改良,呈现出现在的设计。为了将材料用在合适的位置,即便是一条椅腿的椅子,外框、辐条、座面及其椅脚都会选择使用不同树种的木材制作。工业革命以后,温莎椅在英国各地普及,18世纪传入了美国,其共同的特征为在靠背处都设有多根辐条。

Thonet 14号靠背椅

由德国家具设计师Michael Thonet作为技师开发的椅子。19世纪中期开发而成的Thonet曲木技术引发了椅子设计的一次革命。生产时,在取材方便的山林附近建造工厂,再将椅子各部件拆分加工,将整个复杂的制作过程最终转化为简单的工作模式。生产性、技术性、艺术性、经济性、坚固性、轻便性及其维护性等方面满足了近代社会的发展要求。尤其是1859年正式出售的14号靠背椅成为畅销家具,直至今日仍在不断生产。

实木椅

1920年,家具设计师Lucian Ercolani在温莎家具的中心——英国海威科姆成立了Ercol公司。Ercol作为英国高级木制家具品牌公司之一,不仅拥有出色的设计感,而且其家具商品虽外表看似精巧、纤细,但丝毫不妨碍使用时的坚固性,这种品质是该公司长年来广受欢迎的原因。图中的座椅是受温莎风格影响下制成的系列商品之一。

教会椅

教会椅、教堂椅是指在教堂、礼拜堂等处使用的椅子。其设计根据教会不同,存在多种类型。靠背处设计十字架、圣经盒等类型虽深受欢迎,但其数量正在日趋减少。据说,椅子下方设有两根条带是后人为了方便放置物品所做的设计。

藤椅

为了使椅子与人体曲线相符,除了使用弯曲木材的设计外,也有将细软材料编织成面后再做成凹凸状的构造方式。常用材料为藤、柳条,之后又诞生了纸质条带编织而成的商品。这种材料比起木、铁而言更柔软、轻便,因此藤椅的坐感更为舒适。

学校椅

原本是为学生设计的座椅,但最近古典椅受到社会的关注。学校椅是这把椅子的俗称。虽然因时代、地域的不同,设计也存在多种多样的形式。图示的座椅是19世纪40年代的英国样式,与日本的学校使用的设计非常类似,展现出独特的现代美感。

谢拉顿风格　　　　　新艺术运动风格

	英国统治者	样式区分	样式	常用材质	其他欧美国家
16世纪	亨利八世 (1509～1547年)	都铎式	哥特式	橡木	文艺复兴样式 (意大利)
	爱德华六世 (1547～1553年)				文艺复兴样式 (法国)
	玛丽一世 (1553～1558年)				
	伊丽莎白一世 (1558～1603年)	伊丽莎白式			巴洛克样式 (意大利)
17世纪	詹姆士一世 (1603～1625年)	雅各布式	文艺复兴	胡桃木	巴洛克样式 (法国)
	查尔斯一世 (1625～1649年)				
	共和制	复古式	巴洛克		
	查尔斯二世 (1660～1685年)	王政复古			
	詹姆士二世 (1685～1688年)				
	威廉三世&玛丽 (1689～1702年)	威廉&玛丽式			洛可可样式 (法国)
18世纪	安妮 (1702～1714年)	安妮女王式			殖民地风格 (美国)
	乔治一世 (1714～1727年)	乔治早期式	洛可可	桃花心木	
	乔治二世 (1727～1760年)				
	乔治三世 (1760～1820年)	乔治式	新古典主义 折中主义		帝国风格 (法国)
19世纪	摄政时期	摄政式			彼得迈风格 (德国)
	乔治四世 (1820～1830年)				
	威廉四世 (1830～1837年)				莎克风格 (美国)
	维多利亚 (1837～1901年)	维多利亚式	工艺美术		新艺术运动风格 (法国)
20世纪	爱德华七世 (1901～1910年)	爱德华式	现代主义		

表标题：16世纪以后的英国历史与样式演变

▶ **装饰艺术风格**
装饰艺术是1920—1930年流行的设计风格。以流线型和几何型为主要特征，主张机械美，比起新艺术运动，装饰艺术风格较为简洁，也为后期的现代主义风格的诞生做了铺垫。

▶ **新艺术运动风格**
19世纪末至20世纪初流行于欧洲、美国等地的设计风格，以波浪形曲线、植物形态作为主要设计元素及特征。

▶ **古董**
指古董品、古代美术艺术品等。虽然多数指第二次世界大战以前生产的物件，但在进口关税法中，定义为生产后经过了100年的物件。

▶ **温莎椅**
1700年左右诞生于英国，后在美国普及的田园风木椅，将条棒状的椅脚、靠背直接安装在座面上。

▶ **收藏品**
具有收集、收藏价值的物品。虽然不是经过100年以上的古董品，但被叫作废品、旧品又有些可惜，在美国称其为收藏品。

▶ **莎克风格**
18世纪后半叶至19世纪前半叶，由美国莎克教徒创作的一种建筑、家具的风格。其特征主要强调直线、简洁干练的结构性与实用的功能性。

▶ **谢拉顿风格**
18世纪末期以英国家具设计师托马斯谢拉顿为代表的直线型设计风格。

▶ **复制品**
指翻刻、复制古董家具的物品。

折叠躺椅　伊姆斯椅　奥斯曼搁脚凳　安乐椅

长沙发椅

翼状椅

③ 家具用语

▶ **扶手椅**
带扶手的椅子。

▶ **无扶手椅子**
不带扶手的椅子。

▶ **安乐椅**
这把休息用的椅子为了提高舒适感，靠背设计带有倾斜度并带扶手。与普通的椅子相比，座面高度较低，椅子骨架、扶手都较宽，特征是背面倾斜角度大，坐垫舒适度高。

▶ **翼状椅**
带耳的休息椅。即使在高背椅的靠背上方两侧，也存在像耳朵一样向前突出的设计。

▶ **伸缩桌**
是能够改变桌面尺寸的伸长式桌子的总称。因为结构不同，有的也叫边桌、翻板桌等。

▶ **奥斯曼搁脚凳**
指一张搁腿用且充满厚实填充物的长凳，不设扶手和靠背。外侧整体包裹着布艺面料，也可以放在沙发或者翼状椅前面搭配使用。

▶ **长沙发椅**
一侧或两侧都带有低靠背和扶手的躺椅。

▶ **碗橱**
放置餐具的橱柜。也有两面都可以使用的形式。

▶ **橱柜（储物柜）**
属于收纳型家具，包括餐具橱柜、展示柜、衣柜、小型整理箱、保险箱等。

▶ **衣橱**
主要是收纳衣服的空间。比起日式衣橱，大多数类型的进深都比较窄浅，长度尺寸多样。

▶ **桌案**
这是靠墙放置的小型装饰性桌子。从18世纪初期开始，作为放置花瓶或胸像的装饰台使用。

▶ **边几**
放在沙发和椅子旁边的辅助性桌子。

▶ **伊姆斯椅**
使用玻璃钢和钢丝制作而成的壳状椅子的总称。其中，Charles&Ray Eames、Eero Saarinen设计的椅子都非常优秀。

▶ **叠椅**
可以堆叠放置的椅子，作为多功能使用的家具，方便收纳以及搬运。

▶ **凳子**
不设靠背和扶手的椅子。在化妆时使用或辅助搭配其他家具。作为椅子，它的起源比较古老，据说公元5000年前就有了凳子的存在了。和柜台等配合使用，提高座面高度。

▶ **柜、箱**
放置衣物和小件物品的箱型家具。现在主要指带有抽屉的收纳家具。

▶ **折叠躺椅**
在木头或金属管的边框中，包裹上棉麻的厚料平纹织物，是可折叠的带扶手的椅子。

▶ **嵌套式桌子**
设计相同、尺寸不同的桌子，能够像套匣一样便于收纳。根据需求，可以打开使用，属于辅助性的桌子。

▶ **翻板桌**
伸缩型桌子的一种类型。在桌板一侧的下方设置了辅助桌板，根据使用需要，可以像翅膀一样抬起扩张的桌子。

▶ **小酒桌**
圆形的桌板下带有一根桌腿的小型桌子。

▶ **箱凳**
坐板类似盖子，在其下方设有抽屉，是兼备收纳功能的长凳。

▶ **置物架**
作为装饰兼收纳之用的柜子、台架等的总称。

▶ **爱情椅**
两人座的沙发，有倾斜式、面对面坐的类型，也有一侧设置靠背的类型。

▶ **可调节式躺椅**
可以改变靠背角度的椅子。

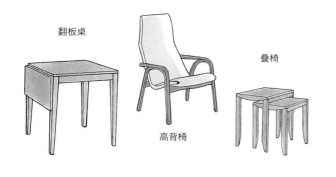

翻板桌　高背椅　叠椅

175

▶ **丙烯酸涂料**

指使用丙烯酸树脂的涂料,具有速干且牢固的特点,所以常作为家具加工涂料广泛使用。

▶ **仿古处理**

为了营造出古董家具及其风格,由人工完成仿古、做旧的处理。

▶ **编织绑带**

沙发、椅子的座面及靠背等框架处安装的条状橡胶带。把橡胶浸透在维尼仑线里,产生了靠垫的效果。

▶ **聚氨酯涂装**

涂刷聚氨酯树脂涂料,将在表面形成一层透明膜,光泽感强,可以轻松应对划痕、污渍、热、水等的损害。但是,缺点是难以体现木材的质感。

▶ **聚氨酯填充体**

使聚氨酯树脂膨胀成海绵状的靠垫材料。经常作为椅子、沙发的填充材料使用。

▶ **蛇形簧**

把钢铁线弯曲成S形,增加其伸缩弹性的弹簧。使用在椅子、沙发靠背的底部和座面。

▶ **中密度纤维板**

通过高温高压将木材细小的纤维压缩后塑成板状的形态。表面光滑,易加工,常用于家具、建筑材料的内芯。

▶ **植物油涂装工序**

将亚麻籽油、天然树脂作为基础原料制成植物油涂抹在木材家具表面,因会渗透进木材,因此表面无法成膜。虽然这种方式能够充分欣赏到木纹,属于自然原料的涂装工序,但也比较容易产生划痕。

▶ **植物油色剂**

一种木材的着色剂。在挥发性溶剂里混合了颜料、亚麻籽油等。因能渗透进木材内部着色,属于能够展现木纹的着色涂料。

▶ **木材纹理**

无涂层、木纹原本的质感。

▶ **门卡扣**

门处于关闭状态时,为避免门开启的金属部件,也有使用弹簧或磁石的设计。

▶ **帆布**

使用棉麻等的厚面料。常作为椅子外层布料使用。

▶ **海绵地板**

由塑料制成的具有伸缩性能的地板材料。防水性高,可以用在厕所、洗面台等用水、排水较多的地方。

▶ **墙纸**

有纸质、塑料材质、布制等,花纹非常丰富。

▶ **硅藻土**

指生活中海洋、湖泊里的硅藻 (浮游生物) 的尸骸堆积而成的沉积岩。不含有害物质,对身体也很亲和。土壤粒子里因有无数的细微孔,因此除了隔热、保温性较好外,隔音性、吸潮性也非常出色。

▶ **饰面合成板**

为了让合成板的表面更好看,使用多种技巧加工而成的板材。其中,有的将实木加工成薄切片后贴合在合成板表面,做成看似实木材的效果,由这种加工方式制成的产品也被称为实木饰面合成板。

▶ **合成皮革**

属于人造皮革。用合成树脂做成,类似皮革的材料。不易变色,耐脏性也较好,但与天然皮革相比,透气性和吸潮性较差。

▶ **合成板**

将多张削成薄片的木材改变纤维方向,用黏着剂粘贴到一起的木板,也称为层压板。

▶ **石灰抹面**

抹墙的材料,在熟石灰里混合稻草等纤维、浆糊用水反复搅拌而成的涂料。具有调湿性能,可以再现泥瓦材料特有的温润质感。

▶ **集成材**

将厚度为2.5~5cm的块状木材,沿与纤维平行方向,使用黏着剂粘贴在一起的材料。价格较低,强度较平均,常用于门框、家具结构等处。

▶ **纯木材**

无涂料,木材本身。

▶ **钢铁**

铁,钢铁。

▶ **撑条**

用于摄影室等处,开门后保持水平的金属器具。

▶ **着色剂**

木材染色的着色剂,有水性、油性等多种类型。

▶ **角撑**

一种椅子结构材料。有加固座框的作用,多使用黏着剂和木质螺丝一同固定。(参照下面各图)

▶ 滑轨

指顺利开关抽屉等的金属部件。在轨道部分, 为了保证能够轻松拉出, 装入了球轴承以及轮形物, 根据其承重性以及抽屉容量, 存在较多结构类型。

▶ 背板

家具后侧的板子。

▶ 暗榫

为了防止两部件的错动, 在接合处打孔并插入小型圆棒。在收纳家具里, 为了固定层板, 调节层板的高低、间隔等都会使用到暗榫, 又被称为层板粒。

▶ 铰链

这个金属部件成为门开关时的轴。

▶ 贴面板

将天然木材削成薄切片后粘贴在合成板表面的板材。

▶ 素烧陶

未上釉的陶器。

▶ 顶板

橱柜最上方的板材。

收纳家具的部位名称与结构

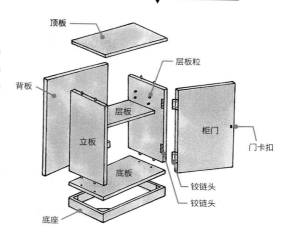

沙发结构示例

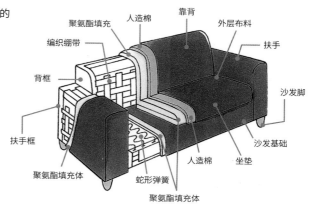

椅子的部位名称与结构

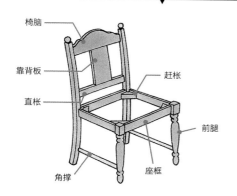

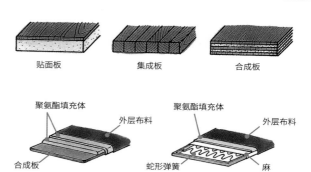

▶ **间接照明**
照亮墙面、天花板等处, 光线柔和、具有装饰效果的主要照明方式。

▶ **荧光灯**
通电时会产生紫外线, 刺激玻璃管内的荧光物质从而发光发亮。比起白炽灯, 相对节能、价格便宜, 寿命也较长。

▶ **半间接照明**
隐藏光源, 光线射向天花板或墙壁的局部, 照亮范围较小, 属于间接照明的一种。

▶ **枝式吊灯**
使用多灯泡, 悬吊在天花板下的一种照明灯具。

▶ **吸顶灯**
直接安装吸附在天花板上的照明灯具, 分为埋入天花板和直接吸附两种类型。因可以整体照亮空间, 作为主体照明被广泛运用。

▶ **射灯**
墙面的绘画作品、橱窗上方的物品等需要照亮特定地方、场所的灯具, 主要作为点缀之用。因聚光性较强, 可以有效突显被照的对象。

▶ **主体照明**
指房间整体能够均等照亮的照明方式, 属于基本照明。

▶ **筒灯**
底部埋进天花板内的照明灯具。因安装后器具表面与天花板几乎处于同一个水平面, 空间看上去比较整洁。

▶ **射灯轨道**
为了安装射灯, 在天花板上设置的固定轨道。在轨道上, 射灯可以任意移动至所需要的场所或位置固定。

▶ **荧光灯灯泡**
荧光灯灯泡与白炽灯外观相似, 价格更高, 寿命却较长。

▶ **白炽灯**
使灯丝发热至高温状态发光而产生光源。相比荧光灯, 光色属于暖色光。虽然可以调节光照度, 但比较费电, 又因是发热原理, 所以寿命较短, 价格便宜。

▶ **卤素灯**
与一般的白炽灯相比, 体量较小, 但发光强度高, 便于调整空间的所需光源, 常作为射灯、筒灯使用。

▶ **灯饰吊线**
天花板照明用的灯座配件。

▶ **重点照明**
并非全体, 而是照亮局部特定场所位置的照明方法。

▶ **壁灯**
安装在墙面上的照明灯具。通过墙壁反射, 灯罩的遮光局部照亮房间。

▶ **落地灯**
设置在地板上的照明。

▶ **吊灯**
使用电线悬吊在天花板下的照明器具。

▶ **勒克斯**
指单位面积上所接收可见光的光通量, 简称照度。

▶ **流明**
描述光通量的物理单位, 记作：lm。

▶ **瓦特**
消耗电力的单位。

照明灯具的种类

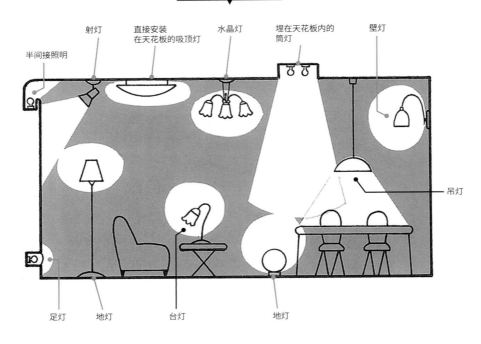

半间接照明　射灯　直接安装在天花板的吸顶灯　水晶灯　埋在天花板内的筒灯　壁灯

吊灯

足灯　地灯　台灯　地灯

门的各部位名称

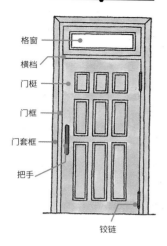

格窗
横档
门梃
门框
门套框
把手

铰链

窗帘的各部位名称

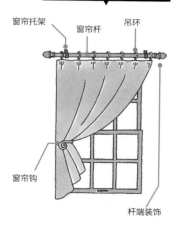

窗帘托架
窗帘杆
吊环
窗帘钩
杆端装饰

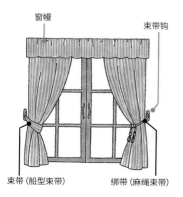

窗幔
束带钩
束带 (船型束带)
绑带 (麻绳束带)

▶ **垂直推拉窗**
上下开闭的窗户。

▶ **风琴帘**
可以像风琴一样伸缩,可折叠式的构造,也可作隔断之用。

▶ **窗帘设计**
百叶窗、卷帘等挂在窗户周围作为装饰的窗帘的总称。

▶ **门窗框**
装在门、窗洞处,目的是与周围已施工完成的墙壁进行区隔。

▶ **窗帘布**
挂在窗户上方,呈下垂状的幕帘。既能遮挡外部视线,又兼具保温、隔声及装饰的效果。

▶ **窗帘盒**
以隐藏窗帘轨道和百叶帘顶部为目的的收纳盒。安装在窗边上的墙壁或天花板上。

▶ **窗帘杆**
带有装饰性的金属部件,悬挂窗帘时用的横杆。

▶ **窗帘钩**
卡吊住窗帘布身的装饰性金属部件。

▶ **咖啡厅式窗帘**
在上下窗框之间设置窗帘轨道,隐藏窗户的一小部分短窗帘。用于装饰固定窗、飘窗或者门扇的小窗。

▶ **遮光**
遮挡光线。

▶ **百叶帘叶片**
卷帘门、窗上薄板状的构件。百叶帘叶片的角度可自由调整,可调节光线和控制视线。主要材质为厚度0.1~0.2mm的铝合金板。

▶ **窗帘束带**
打开窗帘布时用作绑住帘布的束带。

▶ **天窗**
为了采光和通风设置在屋顶的窗户。

▶ **镶边**
窗帘布边缘的装饰,也作修整之用。

▶ **帷帘**
以较厚的布料制作而成的厚重感窗帘布。

▶ **纵向百叶帘**
叶片垂直设置的百叶窗帘。

▶ **固定窗**
为了采光而设的无法开闭的窗户。

▶ **窗帘布罩**
安装于窗帘布上方,具有下垂感的装饰部件,能够防止窗帘上方漏光。

▶ **托架**
将窗帘杆固定在墙壁上的金属部件。

▶ **褶皱**
折纹。

▶ **流苏**
设于窗帘等织物边缘部分的装饰品。

▶ **横向百叶帘**
横条形的百叶窗帘,通过调节叶片的升降和角度来遮挡光的直射、反射以及调节光量。调节叶片使用的是拉绳、杆子,也有电动式的。

▶ **窗帘杆端装饰**
安装于窗帘杆两端的装饰部件。

▶ **箱形褶裥**
在窗帘布上安装上褶皱状的物件,制作成与箱型完全吻合的状态。

▶ **滑道**
吊挂窗帘在开闭时条状滑行金属部件。

▶ **百叶挡板窗**
细长形的板片以一定的间隔缝隙安装固定在窗框上的一种形式,通过调整板片的角度可以调节采光、通风效果,同时也有遮挡视线的效果,不失为一种防盗对策。

▶ **阁楼**
利用屋顶内侧空间设计而成的房间。多用于富有趣味感的房间或儿童房。放置杂物的屋顶房间、仓库上层的空间都被称为阁楼。

▶ **入口通道**
联系道路与各住宅玄关的通道。玄关前设顶棚的空间可通机动车。

▶ **凹室**
在房间墙面去除一部分做成内凹式小空间。多用于书房和放置床的房间。和式房间里的被称为床之间的空间也是凸室的一种。比凹室尺寸再小的空间称为壁龛。

▶ **落掛**
在和式房间里，在床之间的上方墙壁上架设的横木。

▶ **艺术品**
用物体、对象的意境表现自身艺术性的物品。

▶ **笠木**
设置于栏杆和墙上方的材料。因为将其设计成斗笠形式，所以称为笠木。

▶ **成套家具、配套用品**
组合式家具和模型等使用的一套材料。使用道具也包含其中。

▶ **挂毯**
中亚、西亚、北非的游牧民族日常生活使用的织物。丰富多彩的花纹和富有温暖的自然色调是它的主要特征。

▶ **手工艺品**
手工制作的物品，手工艺品，由匠人制作的物品。

▶ **Quilting 填充织物**
在两块布料之间塞入毛、棉之类的内芯，按照图样手工缝制或者使用缝纫机缝出凸起的花纹图案。

▶ **裙墙**
一般情况下，是指窗台的高度以下的墙壁。墙壁上方铺设墙纸，裙墙部分铺设木板的做法，也就是上下两部分施工方式不一的状况比较普遍。

▶ **楣**
分隔墙壁用的带状装饰。常用于西式建筑和室内设计。

▶ **阳光房**
作为让植物抵御严寒的温室，诞生于18世纪的英国。如今已经不仅用于放置植物，还作为人们放松的活动场所。在这里，人们将在室外度过的美好快乐带回家中，自由度较高。

▶ **契约仓库**
面向公共设施的物品，有地毯、窗帘、家具等各种形式。

▶ **洗漱间**
盥洗室、浴室、厕所等用于清洁卫生的空间。

▶ **吊扇**
螺旋状扇叶的天花板吊扇，具有改善房间顶部空气的效果。

▶ **书院**
书院造的日式房间是重要的构成要素之一。有出书院、平书院两种形式。

▶ **跃层**
每半层错开高度并设置地板，创造高低差的空间并将其联系起来，打造立体感的空间。

▶ **刺绣**
指缝纫、走针之类的工作。和细绳打结法相同，包含多种装饰形式，具有丰富的变化。

▶ **镂空模板装饰**
使用镂空纸板，用喷壶、刷子等工具喷绘、描刷出图案纹样的装饰技法。多用于装饰墙壁或木质小品等。

▶ **挂毯**
挂在墙壁上的织物。多用于打造装饰效果，花纹以近似于绘画效果的形式比较少见。

▶ **床框**
床框为日文原词，如下一页图，在床之间内，与榻榻米的高差处所安置的横木。

▶ **床柱**
床柱为日文原词，立于床之间一侧的装饰柱。

▶ **雅室**
指光线略暗、富有意趣的房间以及小而整洁雅致的私人房间。原本是隐藏式房间，多见于北美住宅。

▶ **西式壁龛**
在墙壁上内凹的可摆放花瓶和其他东西的作为装饰用的空间。

▶ **隐室**
即让人心情愉快的隐私场所。它是富有意趣的小空间，也可作为进行简单的饮食活动和喝茶的享乐之所。

▶ **拉毛、起绒织物**
有着毛巾手感的棉质编织物。表面拉毛处理加工的面料被称为拉毛布料。

▶ **家庭杂货**
家庭用品。

▶ **浴室庭院**
设置于浴室外部，供傍晚乘凉等使用的空间。

▶ **Patio 西式庭院**
指在西班牙住宅建筑中常见的中庭。主要特征是用建筑物包围中庭，在其中设有小型喷泉、井等。

▶ **阳台**
突出建筑物外墙的一部分并离开地面、无屋顶的室外空间。如果与地面相连称为露台，带顶的阳台又被称为走廊。

▶ **踢脚线**
设于墙壁最下方的位置与地板之间的横板。既能美化墙壁和地板交接处，又发挥防污和防划伤的作用。常用的踢脚线材料为木制和聚氯乙烯制。

▶ **梁**
为了支承屋顶和上层重量而设置的横向结构材料。起到装饰作用的梁，在后期室内装修时才被安装，这类梁与结构梁不同，被称为化妆梁（日文原词）。

▶ **挑空**
是指在室内空间拥有两层以上通高的空间。这种空间上层无地板，有着较高天花板的构造特点，营造出开放的室内气氛。

▶ **圆靠枕**
圆筒形的靠垫和枕头。

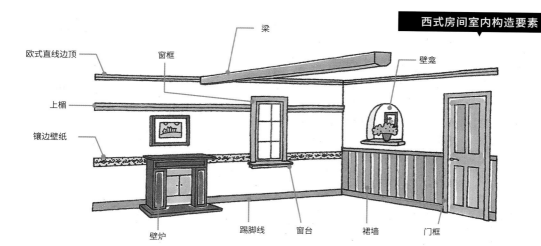

欧式直线边顶　梁　窗框　壁龛

上楣

镶边壁纸

壁炉　踢脚线　窗台　裙墙　门框

日式房间室内构造要素

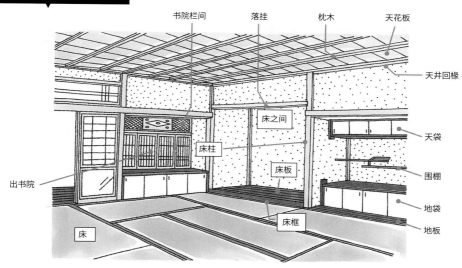

书院栏间　落挂　枕木　天花板

天井回椽

床之间

床柱　天袋

出书院　围棚

床板

地袋

地板

床　床框

▸ **布套、布罩**
　指罩在沙发、床等处的布艺套子或罩。

▸ **直线边顶**
　天花板、墙壁顶部安装的横向线条，材料常用木材或石膏，具有美化天花板与墙壁的作用。

▸ **壁炉台**
　设置在欧式壁炉周边的装饰部分，具有装饰壁炉与炉口的作用。材料有木、砖、大理石等。

▸ **水回**
　水回为日文原词，统一指厨房、浴室、洗手间、卫生间等使用水的场所。

▸ **公寓跃层**
　中、高层住宅内，一户占有2层以上的空间。不连接外部公共通道的楼层空间，因此可以保障一定的隐私。

▸ **线脚**
　以石膏、木雕为主，广泛设置在边顶、门窗框、建筑内部、家具等处的条状装饰带。

▸ **家务杂物室**
　洗衣、熨烫、收纳等做家务的空间，在日本，作为家庭主妇的独立房间使用的情况也比较多见。

▸ **地毯**
　铺设在地面局部的小块毯子。

▸ **格扇**
　使用木材制成方格状的隔墙、隔窗、隔扇等。不仅在庭院使用，也在房间内使用。

▸ **亚麻**
　原本为使用麻布、麻线编织而成的布艺制品。现在一般情况下，作为餐桌布、床单等使用在家庭空间各处。

想找寻一生使用的店铺！

推荐的家居商店&
陈列室

营造一所舒适的家庭空间，不能缺少的是布置喜爱的家具和照明等用品。下列店铺敬请参考选择！

家具/综合风格

NOCE 吉祥寺店
☎0422-23-2488
www.noce.co.jp/

拥有物廉价美、舒适的家具

商品涉及家具、厨房设计等，从入住之日开始逐渐融入家庭，包含了众多温暖且设计简约的设计。从工厂可以直接购买，商品的尺寸、颜色等存货充足。全国共设有16家店铺。

东京都武藏野市吉祥寺本町
2-24-1
🕙11:00～20:00
休 无固定休息日

IDC大塚家具 有明本社陈列室
☎03-5530-5555
www.idc-otsuka.jp

商品较全、日本最大的陈列室

店内商品均在国内外通过严格的选择，涉及家具、布艺、照明以及小物品等。涵盖了北欧风格、古典风格等各类风格，同时也存在体验式的工作室，在布置房间时可以根据自己的喜好尝试协调。全国共设有15家店铺。

东京都江东区有明3-6-11东京
Fashinon Town Building东馆
🕙10:30～19:00
休 全年无休（年末年初除外）

MUJI TOKYO MIDTOWN
☎03-5413-3771
www.muji.net

面向高品质生活的无印良品店

无印良品拥有数量众多、品质超群的家具和杂物等，采用卓越的传统工艺技术制成，可满足各类生活状态及居住情况。还可根据尺寸定制实木材的家具。

东京都港区赤坂9-7-4
D-DBLLO-I MUJI 东京中城
🕙11:00～21:00
休 无休（年末年初除外）

IKEA船桥
☎050-5833-9000
www.IKEA.jp

来自瑞典的物美价廉的北欧商品

IKEA设定为自助式服务贩卖模式，物美价廉，设计审美与功能使用方面都充分考虑了消费者的需求，提供了不同居住空间的家具商品、生活杂货等，同时也有将各类家具搭配在一起的样板室，可供购买时参考。

千叶县船桥市浜町2-3-30
🕙9：30～18:00
（周六、周日、法定假日9:00～）
休 全年无休（元旦除外）

MOMO natural 自由丘店
☎03-3725-5120
www.momo-natural.co.jp

受女性欢迎的自然风家居商店

商品主要为自然风家具，以白色调为主，木纹明显，另有照明、生活杂物、绿植等物品，属于成熟中略活泼的风格。家具主要使用新西兰产的木材，在冈山总部的工厂加工生产，全国共设有9家店铺。

东京都目黑区自由丘
2-17-10
🕙11:00～20:00
休 无休

UNICO代官山
☎03-3477-2205
www.unico-fan.co.jp

"新"与"旧"共存的家居店铺

商品涉及居住的方方面面，如沙发、桌子、床、收纳等，价格也比较亲民。设计吸收了自然风、现代风、北欧风等长处，形成了具有魅力的怀旧风格。全国共设有23家店铺。

东京都涩谷区惠比寿西1-34-23代官山 TOKI Building
🕙11:00～20:00
休 无固定休息日

PACIFIC FURNITURE SERVICE

☎03-3710-9865

www.pfservice.co.jp

提供无固定风格的标准家具

稳重的店铺空间不受当季的流行元素影响,店内陈列了满足使用需求的原创家具与进口照明商品等。在姐妹店 RARTS CENTER,主要经营各种方便使用的生活杂物。

东京都涩谷区惠比寿南
1-20-4
🕚11:00-20:00
休周二

ACME FURNITURE

☎03-5721-8456

acme.co.jp

找寻20世纪60～70年代的美式家具

主要经营20世纪60年代至70年代美国产的二手家具。同时,利用这个时代的流行元素设计的原创家具也是该店铺的特色。色彩、设计保留了其传统的特征,也容易与其他风格的家具组合搭配。

东京都目黑区鹰番1-1-4
🕚11:30～20:00
休无固定休息日

POUR ANNICK 目黑店

☎03-6303-4511

www.pourannick.com

融入生活的轻巧家具

不讲究产地、设计师、品牌等,注重商品本身能带给消费者的愉悦和对生活的美化。简约化的北欧风沙发、多彩别致的储物柜等展示出本店特有的家具风格及设计特点。

东京都目黑区中町1-6-14
🕚11:00～20:00
休全年无休

H.P.DECO

☎03-3406-0313

www.hpdeco.com

散发个性的二手家具商店

除了充满魅力的二手家具外,也经营有关照明、白陶等在欧洲著名的设计师作品,在这里可以寻找到独一无二的商品。

东京都涩谷区神宫前5-2-11
🕚11:00～19:30
休无固定休息日

PLAYMOUNTAIN

☎03-5775-6747

www.landscape-products.net

集中了简约且原创商品的店铺

除了贩卖原创家具外,还有现代设计师的工艺品、家具等,这些都是从国内外范围内经过严格的筛选。每一件商品都富有个性,展现出自由、魅力的设计感。

东京都涩谷区千驮谷3-52-5
🕚12:00～20:00
休无固定休息日

GREENICHE 代官山店

☎03-6416-5650

www.greeniche.jp

寻找耐用、北欧风的高级家具

主要经营北欧家具、实木材的原创家具、照明、布艺等。作为瑞典家具品牌String的总代理店,也是日本唯一的陈列厅。

东京都涩谷区猿乐町29-10
HILLSIDE TERRACE代官山C栋
🕚11:00～20:00
休周三

WISE·WISE 表参道

☎03-5467-7001

www.wisewise.com

**自然材料的舒适与
现代简约风格共存的家居店**

天然材料的品质家具自身具有高级感,由一栋旧宅改建而成的店铺内的装饰让顾客感觉置身其中一样,在这里可以洽谈,营造自己心目中向往的生活模式以及空间效果。

东京都涩谷区神宫前5-12-7
KARUCHA表参道Building1·2F
🕚11:00～18:00(预约制)
休周一、周日、法定假日

THE SIGNATURE STORE

☎03-5772-7583

www.signature-store.com

**John Kelly
设计的直线风家具**

纽约设计师John Kelly的设计作品摒除了多余的装饰,展现出干净、简约印象的美感。原创家具从外观到看不到的内部都使用了实木材,表面不涂化学涂料,体现对人体健康的理念。

东京都涩谷区神宫前3-6-26
Greens Well 1F
🕚11:00～19:00(周日～18:00)
休周一、每月第三个周日

SHIBUYA FRANCFRANC
☎03-6415-7788

www.francfranc.com

舒适的、时尚的家居人气商店

魅力之处在于标准与时尚元素和谐共存。主要经营家具、布艺、生活杂货、原创家电等商品，贴心考虑顾客的预算。有些颜色鲜艳的商品也可以起到空间装饰的作用。

东京都涩谷区宇田川町12-9
JOULE SHIBUYA B1~3F
🕙11:00～21:30
休无固定休息日

WOODYOULIKE COMPANY
☎03-5468-0014

www.woodyoulike.co.jp

简约、具有质感的木材家具商店

东京昭岛工厂内，无分工操作，工作人员独立完成商品的制作与加工。随着时间的积累，依次添置崭新的、令people欣喜的家具。同时，满足榻榻米房间的需求，功能合理、形式简约的家具、趣味性的设计商品也属于本店铺的经营范围。

东京都涩谷区神宫前5-48-1
🕙11:00～19:00
休周三

巢巢
☎03-5760-7020

www.susu.co.jp

**营造舒适的房间、
寻找温暖的商品**

主要经营实木的原创家具，还有生活杂货。使用实木材，怀着敬畏之心制作、生产满足日常生活使用的商品，如色彩鲜艳的布艺制品、富有魅力且别致的商品等，物美价廉。

东京都世田区等等力8-11-3
🕙10:30～18:30
休周一（遇法定假日改休周二）

家具藏
☎03-3797-1700

www.kagura.co.jp

**由工匠手工打造的
木质家具工厂直营店**

由制作家具的工匠挑选木料，制作商品，商品延续了木材原始的自然美。本店拥有不同种类的设计方案以及8种实木材料，为营造出理想家具，提供了多样丰富的选择。

东京都港区青山5-9-5
🕙10:30～19:30
休无休（年末年初除外）

STANDARD TRADE
☎03-5758-6821

www.standard-trade.co.jp

讲究自然木纹美的橡木家具

使用优良耐久性的橡木材，从设计到制作、加工都在本公司所属工厂实施。这些追求细节品质的原创家具形式简约、造型稳重，满足各类定制与改造服务。

东京都世田谷区西玉堤2-9-7
🕙13:00～20:00(周六、日, 法定假日：10:00~)
休周三

CONDEHOUSE TOKYO
☎03-5339-8260

www.condehouse.co.jp

讲究功能性又耐看的家具店

与国内外的设计师共同开发新商品、新设计。选择高品质的木材，制作生产具备超越时空的美感、使用方便又坚固耐用的商品。在旭川设有工厂，方便订购与维修。

东京都新宿区西新宿1-23-7
新宿 FASUTOUESUTO 3F
🕙11:00～18:30
休周三、年初年末

SOLIWOOD CRAFIS
☎0422-21-8487

www.soliwood.com

空间主角是木质餐桌

主要经营实木的原创家具，如触感舒适的桌子，也展示了数量众多的橱柜，可供定制时方便参考。由工匠手工制成的家具整体统一，细节处理仔细、精致。

东京都武藏野市吉祥寺本町
2-28-32F
🕙13:00～18:00
休周二、周三

J-HOMESTYLE TOKYO
☎03-6300-4366

www.j-homestyle.co.jp

**飞弹高山（地名）产的
原创家具品牌**

"飞弹设计"突破了日式与西式的界限，营造出具有高品质的空间感。在尊重日本传统的基础上，提炼新形式的感性元素，演绎出巧妙的设计。经营面涉及家具、厨房、建筑构件等与生活空间相关的方方面面。

东京都涩谷区代代木2-11-17
RAUNDOKUROSU新宿6F
🕙10:00～18:00
休周三

BC工房

☎03-3746-0822

www.bc-kobo.co.jp

体感舒适的家具
拥有暖人心房的特点

专营实木材的桌子与椅子。在本店可以找到特殊造型的桌子与坐感舒适的椅子等家具。从购买日起5年之间，木结构有任何损坏，一律免费维修。东京、神奈川共设有6家店铺。

东京都涩谷区神宫前3-1-25
🕚11:00~19:00
休 周一、周二、周三

T.C/TIMELESSCOMFORT SHIBUYA MARK CITY

☎03-5459-1252

www.timelesscomfort.com

拥有来自世界的
高级商品的家居店铺

本店的经营理念为"超越时代的舒适"，为营造舒适的生活提供方案与设计。除造型简约、功能实用的商品外，还有趣味十足、色彩丰富的其他杂货可供挑选。全国范围内共设有22家店铺。

东京都涩谷区道玄坂1-12-5
🕚10:00~21:00
休 无固定休息日

BRUNCH

☎03-5773-8299

brunchone.com

平静生活的时尚家居

以"木材与生活"作为主题而制成的家具，无论是材料还是加工、设计等都采用简约的操作，令人感受到温暖。东京目黑通设有6家店铺，展现多彩的世界观，也在千叶、吉祥寺设有分店。

东京都目黑区中町1-6-9
🕚11:00~19:00
休 周三

DANIEL 元町本店

☎045-661-1171

www.daniel.co.jp

高品质的古典家具横滨店

位于日本西洋家具的发祥地横滨，因制造家具的卓越技术拥有"百年家具"的坚固称号，不被时间淘汰，同时也进口世界范围内传统家具、优秀的室内设计作品。

横滨市中区元町3-126
🕚10:30~19:00
休 周一 (法定假日除外)

平安工房

☎03-3259-0070

www.heian-kobo.co.jp

挑选家具犹如在家一样、
令人感觉空间舒适的店铺

工房建筑原本为生产书籍的地方。改建为家具店铺后，陈列着桌子、椅子、沙发以及收纳橱柜等定制家具。同时，MOTHER TOOL、TUKUSHI文具店也在店内设有陈列空间，可以寻求到心仪的原创商品。

东京都千代田区神田神宝町1-46
🕚12:00~20:00 (周六、周日、法定假日~18:00)
休 周二、周三

D&DEPARTMENT PROJECT

☎03-5752-0120

www.d-department.com

选择不被时代左右的商品

主要经营理念为"不做新的产品"，严格选择、经营满足长久耐用的家具以及生活杂货。Karimoku60的沙发、桌子等适合日本住宅的集约型尺寸。

东京都世田谷区奥泽8-3-2
🕚12:00~20:00
休 周三

RUSTIC27 镰仓陈列室

☎0467-23-8654

www.rustic.ne.jp

选择100年后可以成为
古风家具的商品

主要销售高品质的实木家具和厨房制品。使用英国的古旧松木材料制成的桌子散发着传统风格的味道。英国的壁纸、窗帘与照明相协调，展现出具有特点的室内空间设计。

神奈川县镰仓市雪之下3-6-35B
🕚10:00~17:00
休 周三

天童木工 东京陈列室

☎0120-24-0401

www.tendo-mokko.co.jp

收集富有美感、
高级的现代名作家具

本店提供如柳宗理的蝶形椅等，20世纪50~60年代日本设计师设计的高品质的名作家具。山形县的工厂内，拥有高超的合板成形加工技术，可以实现优美的曲线设计，兼备强度、轻度适宜的优秀家具制品。

东京都港区浜松町1-19-2
🕚9:30~17:00
休 周日、法定假日

EVERDAY BY COLLEX
代官山店
☎ 03-5784-5612

www.collex.jp

各类功能性与审美性共存的商品令人留连忘返

主要经营不被流行左右或淘汰，满足长时间使用的家具、室内杂物、桌椅等商品。以北欧商品为中心，包含各种生活杂货，令日常生活变得丰富多彩。全国共设有 11 家店铺。

东京都涩谷区代官山町 17-6
🕚 11:00～20:00
休 无固定休息日

ARTSTYLEMARKET
☎ 03-3486-4875

www.artstylemarket.net

无锈钢制的家具可以令人感受其功能结构美

主要生产不锈钢制品，如桌子、隔板、金属照明等，提供尺寸更改、特殊定制的服务，也经营木制家具，集约型的木质商品等。

东京都涩谷区神宫前 6-14-10
🕚 11:00～20:00
休 周三 (无固定休息日)

KARTELL SHOP
☎ 03-5468-2328

www.kartell-shop.jp

意大利产的设计师作品，造型轻巧的塑料家具

引进意大利家具品牌 KARUTERU 的商品，这种塑料质感超群，展现出一定的高级感。与人气设计师菲利浦的合作商品数量众多，价格适宜。

东京都港区青山 6-1-3
🕚 11:00～19:30
休 周三 (法定假日营业)

AIDEC
☎ 03-5772-6660

www.aidec.jp

历史名作到最新的现代设计

展示、陈列着数量众多德国产的曲折椅、名作家具以及世界闻名的品牌商品等。店内的椅子、沙发提供自由试坐体验舒适度。全国共设有 4 家店铺。

东京都涩谷区神宫前 2-4-11
DAIWA 神宫前 Building 2F
🕚 10:30～18:30
休 周日、法定假日

BE&BE ITALIA 东京店
☎ 03-5778-3540

www.beb-italia.jp

DAICI ANO

以设计感著称的现代家具的旗舰品牌

本店经营的意大利现代家具像美术工艺品一样具有优秀的设计感，并且拥有精致、奢华的存在感。由各国著名设计师合作设计，作品体现出最前沿的室内发展趋势。全国共设有 3 家店铺。

东京都港区青山 6-4-6
🕚 11:00～19:00
休 周三 (法定假日营业)

ARFLEX SHOP 东京
☎ 03-3486-8899

www.arflex.co.jp

美感、品质、功能兼备的简约现代主义家具

以现代设计的原创品牌为中心，吸收了意大利现代家具的特点，为日常生活提供合理的构思方案。还可以在店内选择协调这些家具的窗帘、绿植、艺术品等。

东京都涩谷区广尾
1-1-40 惠比寿
🕚 11:00～19:00
休 周三

BISLEY
☎ 03-3797-6766

www.bisley.co.jp

桌子周边整洁、美观的收纳——英国产的钢材家具

钢材家具的品牌——BISLEY 的营业店。家具色彩美观，造型简约，功能实用，其中，收纳用的储物柜有 9 种颜色、5 种造型、28 种类别可供选择，也可以选择与桌面相互组合搭配。

东京都港区北青山 3-10-12
🕚 11:00～19:00
休 周日

HHSTYLE.COM 青山本店
☎ 03-5772-1112

www.hhstyle.com

如同艺术一般的存在感，各类设计风格的家具数不胜数

店铺外观及景观部分由建筑师隈研吾设计，时尚且美观。20 世纪中叶现代风格的名作与现代设计师的作品家具汇聚，这是一处由家具引发幸福邂逅的空间场所。

东京都港区北青山 2-7-15
🕚 11:00～19:00
休 周日

ASIAN INTERIOR LOOP
YOKOHAMA MINATO MIRAI
☎045-222-2015

www.loopsky.com

适合日本住宅空间的设计与亚洲地域的家具

进入店铺让人产生像进入了巴厘岛的空间感受。主要经营温暖的实木材家具、天然材料的生活用品及杂货等，巴厘岛的公司、合作工厂也能够接受定制家具的服务。

横滨市中区新港2-2-1
🕙10:30～21:00
休 无固定休息日

BOCONCEPT
☎03-5770-6565

www.boconcept.co.jp

丹麦都市风的室内设计

世界50个国家都设有分店。拥有60年以上传统与都市风相结合的家具设计经验，价格合理。家具体现出美观与功能相结合的北欧设计理念。在日本共设有19家店铺。

东京都港区南青山2-31-8
🕙11:00～20:00
休 全年无休

THE SHOPHOUSE
☎03-6431-0690

www.theshophouse.net

东洋与西洋的设计要素相互融合，衍生出新型的生活方式

店内主要经营藤质商品，品质上乘，适合与现代风的室内设计相互搭配。与收纳相关的精致篮子、各种形式的托盘等也是本店的特色商品。

东京都世田谷区用贺2-11-10
🕙11:00～18:00（预约制）
休 周三、周日、法定假日

MID-CENTURY MODERN
☎03-3477-1950

www.mid-centurymodern.com

中古商品、新商品共存的中世纪现代风的专卖店

主要经营活跃在20世纪50~70年代的众多设计师作品，以名家具为中心，满足收藏性特征的商品也存在多数，保存状态良好。除此以外，另有许多点缀室内所用的生活杂货可供选择。

东京都涩谷区猿乐町11-8
🕙11:00～20:00
休 全年无休

HIKKADUWA 西麻布店
☎03-3401-0886

www.hikkaduwa.co.jp

印度尼西亚产的家具展现出现代精品度假式的室内风情

商品在印度尼西亚生产、制造，在日本完成最终加工。柚木材的家具兼具稳重与现代设计的美感，可以营造出放松、舒适的室内空间。另外，铝制、玻璃制的小杂货与古风家具等也都非常受欢迎。

东京都港区西麻布3-8-17
🕙11:00～20:00
休 周四

MODAENCASA
☎03-5729-3000

www.modaencasa.jp

符合日本住宅尺度的欧式家具

设计吸收了北欧风、1960年前后的怀旧现代主义风格以及欧洲各地最新的设计，价格公道合理。主要经营厨房、浴室、桌子周边的商品等。关东、北海道地区共设有7家店铺。

东京都目黑区八云3-25-10
🕙11:00～20:00（周六、周日、法定假日～20:30）
休 周四（年末年初除外）

MORI GALLERY FACTORY
☎042-490-9156

www.mori-g.co.jp

为日式、亚洲的设计提供富有时代感的设计提案

在木曽从创立漆艺工房开始，坚守传统匠艺，现代元素与传统日式设计相互渗透、融合，创造出新的漆器制品，如置物箱等原创商品，同时还提供中国古典家具、巴黎特点的家具等。

东京都调布市深大寺东町5-1-2
🕙11：00～19：00
休 无固定休息日

LIVING MOTIF
☎03-3587-2784

www.livingmotif.com

可以展现高品质生活模式的商店

店铺共有3层，1层为讲究材料的浴室商品与专业型的厨房周边，2层为办公用品与布艺产品，而地下1层为设计书籍、起居室家具等满足不同生活场所的商品。

东京都港区六本木5-17-1
🕙11:00～19:00
休 无固定休息日

THE GLOBE
☎03-5430-3662

www.globe-antiques.com

传统的英式古董足以打动人心

经营家具、厨房、庭院用品等，在本店内可自由挑选英国古董商品。玻璃灯、黄铜灯等照明商品种类多样。也可选择购收纳用的盒子等小型杂物。

东京都世田谷区池尻2-4-4
🕙11:00～20:00
休无固定休息日

ABITARE
☎03-5724-6780

www.abitare.co.jp

**拥有不可思议的魅力的
意大利北部传统家具**

主要经营意大利北部的传统风格家具。注重木材原本的质感，减少装饰，体现出家具的大气、稳重感。从40种颜色中严格挑选出合适的颜色进行加工，再搭配合适的把手，现代与古典组合出多种多样的设计。

东京都目黑区三田2-4-4
🕙11:00～19:00
休周二（法定假日除外）

MITAKE JUBILEE MARKET
☎0422-21-7337

www.jubileemarket.co.jp

英法两国的古风家具琳琅满目

主要经营厚重感的古典桌子、优雅的布艺沙发等，贩卖的家具是采用本店独有的选择标准，经过严格筛选出来的商品。将传统物品的优秀之处发展延续，与现代设计结合后产生新的形式。店内物美价廉的商品数不胜数。

东京都武藏野市吉祥寺本町
1-4-14 3F
🕙11:00～20:30
休全年无休

北欧.style+1 ANTIKA MODERN 大阪店
☎06-6344-1944

www.antika.jp

高级手工制的室内商品及风格

本店为北欧、英国等室内商品的专卖店。主要经营北欧设计师款家具、G-Plan等成功之作，哥本哈根、日本等地的古董品、食器、小杂货也属于经营范围。

大阪市北区梅田2-2-22
🕙11:00～20:00
休无固定休息日

TRANSISTA
☎0422-51-5707

www.transista.jp

**古今共存、中古品
与新家具的商店**

主要经营1950—1960年间代表英国的工业设计 G-Plan 的中古家具，还有将来成为古风家具的现代日产家具以及相关的室内生活杂货，追求传统与现代共存的融合感。

东京都武藏野市吉祥寺本町
3-20-5-102
🕙12:00～20:00
休全年无休

EEL
☎092-406-8035

eel.soho.fm

**欧洲各国收集到的
富有趣味的古风家具**

多数人都喜欢选择可以长久使用的物品，因此本店主要贩卖英国中古家具及古董家具，如古董门、照明器具、桌子等物品，也提供设计协调方面的商谈服务。

福冈市中央区药院1-7-12
🕙11:00～19:00
休周三（不固定休息日除外）

LIOYD'S ANTIQUES AOYAMA
☎03-5413-3666

www.lloyds.co.jp

具有时尚潮流感的古风家具

以不同时期、多种文化和形式等融合在一起的折中样式作为创作主题，将英国的古董家具、1920—1970年间的金属家具以及田园式家具等融合在传统家具样式中，创造出新的折中样式。

东京都涩谷区神宫前3-1-30
🕙11:00～19:00
休全年无休

KIYA ANTIQUES
FUJISAWA WAREHOUSE
☎0466-86-8341

www.kiya-co.jp

**浓缩在1000m² 仓库内的
世界家具店**

开阔的店铺内，陈列着数量众多的欧洲古风家具，还有彩色玻璃、各种杂货等。也提供对住宅的新建、改建项目的服务。

神奈川县藤泽市石川4-8-15
🕙11:00～19:00
休周一（法定假日除外）

SIMMONS
☎03-3504-2480
www.simmons.co.jp

**被誉为"世界之床"的
美国悠久品牌的床垫**

1870年自创业以来，本店不断追求
最好的睡眠品质。本店商品多被世
界一流的酒店采购。床垫内部的弹
簧因各自独立，能够支撑住身体的
每个"点"，因而，睡感体验优质。全
国共设有11家店铺。

东京都千代田区有乐町1-5-2
🕙10:00～19:00
休全年无休（年末年初除外）

西村贸易 东京陈列室
☎03-5793-3694
www.maitland-smith.jp

**追求心仪的风格，
与家具商品邂逅**

主要经营美国著名的家具品牌
Maitland Smith和欧美豪华品牌
家具等。经验丰富的工作人员常在
店内，关于任何空间设计疑问或建
议可供咨询及商谈。

东京都港区白金台3-2-10
🕙10:00～19:00
休周一

DREAMBED 东京陈列室
☎03-6419-8228
dreambed.jp

**整体协调影响睡眠质量的
寝室环境**

主要经营床、床垫、沙发等与床相关
的家具，涉及多个著名品牌。每月，
在东京陈列室内设有主题日，根据
主题内容，向公众展示与之相关的
室内设计与床品搭配。

东京都涩谷区涩谷2-12-19
🕙11:00～19:00
休周三

FUSION INTERIORS
☎03-3710-5099
www.fusion-interiors.com

**不管年代或设计师，
只收集优质的中古家具**

设计理念为"融合"与"折中"，收集以
北欧为中心的中古家具。为了保证
能够长久使用，并且不削减商品原
本的魅力，在送往店内正式销售前
必须经过细致的修复，例如，人气商
品Hans J. Wegner的沙发等。

东京都目黑区中央町1-4-15
🕙11:00～20:00
休周三

NIHONBED 青山陈列室
☎03-3423-1886
www.nihonbed.com

**为了"奢侈"的睡感，
选择上乘的床品**

本店为国内外一流酒店的首选品
牌，可以选择设计简约、品质卓越的
床，适合身体不同软硬度的床垫及
不同材质的内芯等，也提供枕头、床
单等商品便于搭配。

东京都港区南青山1-1-1
🕙10:00～18:00
休周三、年末年初

MOBILEGRANDE 池田本店
☎072-751-4701
www.mobilegrande.com

多彩的家具营造多样的形式

在3层的店铺内，松木、橡木、布艺、
英式家具、古风家具等原料众多，便
于搭配协调。天然材料制成的儿童
家具、水晶灯、照明设备等商品不胜
枚举。

大阪府池田市满寿美町11-20
🕙10:00～18:30
休周二

FRANCEBED 六本木陈列室
☎03-5573-4451
www.francebed.co.jp

**睡眠的专业品牌提供实现优质
睡眠的方案**

店内安排了满足商谈的"睡眠建议
工作者"，并且通过仪器检测睡眠姿
势，可以帮助选择最合适身体的床
垫。同时也提供有关适合住宅空间
设计的床及床品周边、优质睡眠质
量建议等的咨询服务。全国共设有
12家陈列室。

东京都港区六本木4-1-16 2F
🕙11:00～19:00
休周三

LAURA ASHLEY 表参道店
☎03-5772-6905
www.laura-ashley.co.jp

优雅、上乘的商品提升生活品质

本店为英式典雅风格的品牌旗舰
店。除家具、布艺等商品外，室内杂
货、厨房、浴室等商品齐全、种类多
样，全国共设有98家店铺。

东京都涩谷区神宫前1-13-14
🕙11:00～20:00
休无固定工作日

189

YAMAGIWA 东京陈列室

☎03-6741-5800

www.yamagiwa.co.jp

世界名品到最新的LED照明，拥有丰富的灯光选择

本店除了经营原创照明器具之外，还涉及其他商品，如以北欧为首的世界巨匠设计的照明作品、最新的LED照明灯具等，为营造舒适、高品质的空间提供完美的设计方案。另外，店内也设有实际切身体验照明光照度与家具搭配的区域。

东京都中央区京桥1-7-1
🕐11:00～18:00
休 周日、法定假日

ODELIC 东京陈列室

☎03-3332-1102

www.odelic.co.jp

选择最佳光明，LED照明产品数不胜数

起居室、餐厅、卧室、厨房、水池周围的照明，都属于本店的服务领域。店内陈列着许多LED商品，根据需求，可以选择不同亮度、不同光色的产品，风格有简约风、古典风等。

东京都衫井区宫前1-17-5
🕐10:00～18:00（周六、周日、法定假日～18:30）
休 全年无休（年末年初、夏季除外）

山田照明 东京陈列室

☎03-3253-5161

www.yamada-shomei.co.jp

别致的照明，营造理想的室内空间

根据材料的不同，有原创照明、和纸照明、水晶灯等丰富多样的设计商品，令人目不暇接，也设有LED照明展示，照明咨询的专职工作人员可为不同设计提供相应的解决方案。

东京都千代田区外神田3-8-11
🕐10:00～18:00
休 夏季、年末年初

KOIZUMI照明 东京陈列室

☎03-5687-0081

www.koizumi-lt.co.jp

生活场所不同，照明方式也不同，提供完美照明方案

住宅空间因场所、使用方式的差异，会需要不同程度的亮度。照明商品因材料、照明方式、亮度、光色等的不同，在店内可以随时切身体验多样的照明感受。也有专业人员解答相关疑问。在爱知县、福冈县也设有陈列室。

东京都千代田区神田佐久间3-12 3F~4F
🕐10:00～17:30
休 周二、周三、年末年初、夏季

LAMPADA

☎03-5343-5053

www.lampada.co.jp

原创和风照明，与世界照明齐集一堂的店铺

本店作为照明器具的名牌，是新洋电器公司的直营店。除原创和风照明之外，还收集了印度、泰国、摩洛哥、土耳其、伊朗及西班牙等世界各国富有个性的照明灯具。在店内也贩卖国际公平贸易协会组织商品及服装等。

东京都中野区新井1-43-7
🕐10:30～18:30
休 周四

SEMPRE 本店

☎03-6407-9081

www.sempre.jp

想要寻找时尚、前卫的"好设计"照明

这里集中了世界范围内选出的优秀设计商品。在本店可以购买到Louis Poulsen、GRAS等超越时代性的著名照明设计商品，还有时尚、个性的和风照明。

东京都目黑区大桥2-16-26 1F~3F
🕐11:00～20:00（周日、法定假日~19:00）
休 年末年初

LUMINABELLA 东京

☎03-5793-5931

www.luminabella.jp

照亮人心的高品质照明设计

本店提供意大利、西班牙等欧洲国家的照明设计产品。店名LUMINABELLA意味着光的功能性毋庸置疑，开灯后展现出的设计感与美感令人陶醉。

东京都品川区五反田5-25-19
东京Design Center 4F
🕐10:00～18:00
休 周日、法定假日

DI CLASSE

☎03-3876-6610

www.di-classe.com

设计感强的高级照明，点亮多彩生活

本店是以照明为主，涵盖室内设计、企划、制造、贩卖、拆卸等的设计公司。本店不仅经营世界一流的照明品牌，还经营原创的照明商品，利用美妙的光演绎出令人放松、疗愈心情的舒适空间。

东京都台东区入谷1-10-11
🕐11:00～12:00、13:00～18:00（预约制）
休 周六、周日、法定假日

NICHI BEI 日本桥陈列室

☎03-3272-0445

www.nichi-bei.co.jp

**以高超的设计感
与功能性著称的百叶窗品牌**

店内设有适合不同形状的窗户的原创产品，如节能环保效果明显的百叶窗、竹材的百叶窗、布艺的卷帘等。全国共设有5家陈列室。

东京都中央区日本桥3-15-4
🕐9:00～17:30
🏠周日、法定假日、夏季、年末年初

KAWASHIMA SELKON 东京陈列室

☎03-5144-3980

www.kawashimaselkon.co.jp

**商品经营范围广，
为室内设计提供整体方案**

从高端产品系列到人气产品系列，根据不同的用户需求推荐合适的窗帘，店内约设有3000件实物尺寸的展示品。专职的搭配咨询师常在店内为顾客提供服务。

东京都江东区丰洲5-6-15
🕐10:00～18:00 (商谈为预约制)
🏠周三、黄金周、夏季、年末年初

COCCA

☎03-3463-7681

www.cocca.ne.jp

**构思日本美的意识，
东京产的布艺品牌**

昭和复刻版纹样即使在现代也不过时，将其重新设计为新的原创纹样，代表日本美的意识，延续布料的魅力。店内陈列着许多布艺的椅面、灯罩、靠垫套等最新的设计产品。

东京都涩谷区惠比寿1-31-13
🕐11:00～19:00
🏠周一

TACHIKAWABLIND 银座陈列室

☎03-3571-1373

www.blind.co.jp

**丰富的变化，
找到最好的百叶窗**

以横条的百叶窗为主要产品，还经营卷帘、折叠型的窗帘等其他类型的产品，种类丰富繁多，窗帘色彩也一应俱全。为了让顾客了解光线通过窗户的亮度及整体印象，陈列室中还设置了测试窗。

东京都中央区银座8-8-15
🕐10:00～18:00
🏠周一、法定假日 (周六、周日除外)

THE PENNY WISE

☎03-3449-4568

www.pennywise.co.jp

天然材料的高级布艺

本店为布艺专营店。传统的织布机织出的棉布与希腊、立陶宛等国家生产的蕾丝相结合，为营造自然风的室内设计提供方案。

东京都港区白金台5-3-6 2F
🕐11:00～19:30
🏠周二 (法定假日除外)

TOSO PLAZZA

☎03-3552-1255

www.toso.co.jp

**多彩的窗帘商品演绎理想的
窗户风景**

主要经营亚洲风、北欧现代风、新和风等多种风格的窗帘。在店内，顾客根据自己的生活方式与喜好，可以寻找到百叶窗、卷帘、窗帘杆等心仪的商品。

东京都中央区新川1-4-9
🕐10:00～17:30
🏠周六、周日、法定假日

LILYCOLOR 东京陈列室

☎03-3366-7824

www.lilycolor.co.jp

**提供属于个性化的商品的整体方
案，如窗帘、壁纸、地板材料等**

经营产品以Kioi为主，Kioi是使用了江户小纹等日本传统纹样，经过再设计后创立的品牌。除此之外，国外的众多品牌也属于本店经营范围。本店本着高品质、短时间的服务理念，也提供定制窗帘的服务，工厂遍布全国各地。

东京都新宿区新宿7-5-20
🕐10:00～18:00 (周六、周日、法定假日～17:00)
🏠年末年初、盂兰盆节

TOLI 东京陈列室

☎03-5421-3711

www.toli.co.jp

便于入手、使用舒适的窗帘

拥有开阔的营业空间，悬挂着1.8m的窗帘，方便打理的商品琳琅满目，如除臭、抗紫外线效果的窗帘，满足手洗、机洗的窗帘等，也经营挂毯、地毯以及壁纸等产品。全国共设有6家店铺。

东京都品川区东五反田5-25-19 东京 设计中心4F
🕐10:00～17:30
🏠周三、法定假日、黄金周、夏季、年末年初

191

图书在版编目(CIP)数据

色彩 照明 厨房：室内设计入门基础课程 / 日本主妇之友编著；王晔译.—— 武汉：华中科技大学出版社，2020.8
ISBN 978-7-5680-5769-1

Ⅰ.①色… Ⅱ.①日… ②王… Ⅲ.①室内装饰设计 Ⅳ.①TU238.2

中国版本图书馆CIP数据核字(2020)第124275号

はじめてのインテリア基本レッスン
©Shufunotomo. Co., Ltd.2012
Originally published in Japan by Shufunotomo Co., Ltd.
Translation rights arranged with Shufunotomo Co., Ltd.
through CREEK & RIVER Co., Ltd. and CREEK & RIVER SHANGHAI Co., Ltd.

本书简体中文版由株式会社主妇之友授予华中科技大学出版社在中国大陆（不含香港、澳门）以图书的形式出版、印刷及发行的独家权利。
湖北省版权局著作权合同登记 图字：17-2020-116号

色彩 照明 厨房：室内设计入门基础课程   [日]主妇之友 编著
SECAI ZHAOMING CHUFANG : SHINEI SHEJI RUMEN JICHU KECHENG   王晔 译

出版发行：华中科技大学出版社（中国·武汉）   电话： （027）81321913
　　　　　武汉市东湖新技术开发区华工科技园   邮编： 430223
出 版 人：阮海洪

责任编辑：陈 骏 周怡露   责任监印：朱 玢
责任校对：李 琴   美术编辑：邓亚东

印　刷：武汉精一佳印刷有限公司
开　本：787 mm×1092 mm 1/16
印　张：12
字　数：313千字
版　次：2020年8月第1版第1次印刷
定　价：69.80元